Chevalier

—

Notions élémentaires d'agriculture

—

9e éd.

—

(1879)

—

NOTIONS ÉLÉMENTAIRES

D'AGRICULTURE

APPROBATION

M. le Préfet de la Charente

A MM. les Maires et Instituteurs du département.

MESSIEURS,

Je crois devoir appeler votre attention sur un livre récemment publié par M. CHEVALIER, ancien inspecteur primaire de l'arrondissement de Nontron, rédigé sur un plan adopté par l'académie de Bordeaux. Cet ouvrage, qui est déjà répandu dans un grand nombre d'écoles de la Gironde et de la Dordogne, renferme sur l'agriculture moderne des notions élémentaires pouvant être facilement mises à la portée de l'intelligence des enfants.

Je n'hésite, donc pas, Messieurs, à vous recommander particulièrement l'introduction de ce livre dans vos écoles, ne fût-ce qu'à titre de lecture.

Recevez, etc.

Le préfet de la Charente,
Comte MICHEL.

NOTIONS ÉLÉMENTAIRES

D'AGRICULTURE

A L'USAGE DES ÉCOLES PRIMAIRES

RÉDIGÉES SUR LE PLAN ADOPTÉ PAR LE CONSEIL ACADÉMIQUE
DE BORDEAUX

PAR

CHEVALIER

Inspecteur des écoles primaires.

OUVRAGE RECOMMANDÉ PAR L'ACADÉMIE DE BORDEAUX

NEUVIÈME ÉDITION

PARIS
LIBRAIRIE CLASSIQUE DE PAUL DUPONT
Rue Jean-Jacques-Rousseau, 41.

AUX ENFANTS DE NOS ÉCOLES.

La terre sur laquelle Dieu nous a placés, mes chers enfants, ne produit point d'elle-même, vous le savez, les aliments nécessaires à notre existence. Si la main de l'homme ne venait la féconder par un travail incessant, vous ne verriez bientôt à sa surface que des ronces et des chardons. La vigne, aux grappes dorées, ne croîtrait point sur les coteaux ; les plaines ne se couvriraient point de riches moissons ; des fruits amers remplaceraient les fruits savoureux de nos vergers et, à la place des légumes nourrissants dont se charge la table de vos parents, vous ne trouveriez, dans vos jardins, que des plantes sauvages, rampant pêle-mêle sur un sol déshérité.

Le travail de la terre, ou autrement dit la culture du sol, est donc pour l'homme une nécessité inévitable. C'est la condition essentielle de son existence. Pour tout dire, en un mot, c'est une loi imposée à l'homme par la bouche de Dieu lui-même, en punition de sa désobéissance : « *La terre te nourrira*, dit le Seigneur à Adam, *mais elle te nourrira à la sueur de ton front.* » Vouloir se dérober à cette loi, serait, de notre part, une nouvelle révolte contre notre Créateur, et cette folie serait suivie d'un prompt châtiment; la famine aurait bientôt fait disparaître le genre humain.

Mais si Dieu a condamné l'homme à travailler la terre, il n'a pas interdit à l'homme l'emploi de tous les moyens propres à rendre ses travaux plus faciles et plus féconds. Ce sont ces moyens, mes jeunes amis, que je vais tâcher de vous indiquer, en quelques pages, bien simplement, bien clairement, si je le puis, pour qu'ils se gravent sans efforts dans votre mémoire. D'autres, plus savants que moi, vous en apprendraient bien davantage. Plus tard, vous pourrez consulter leurs ouvrages utilement. Pour moi, qui n'ai d'autre but que celui de mettre sous vos yeux les notions les plus élémentaires de l'art si important et si honorable que vous êtes appelés à exercer, je me trouverai trop heureux si mes efforts pour vous être utile répondent aux vues du chef éminent dont la haute direction dans cette vaste Académie s'étend, avec non moins de sollicitude, sur les besoins et les intérêts de l'enseignement élémentaire que sur ceux de l'enseignement supérieur.

NOTIONS ÉLÉMENTAIRES

D'AGRICULTURE

DE LA CULTURE EN GÉNÉRAL.

CHAPITRE PREMIER.

Du Sol.

PREMIÈRE LEÇON

QU'EST-CE QUE L'AGRICULTURE? — L'agriculture est le travail de l'homme appliqué au *sol*.

QU'EST-CE QUE LE SOL? — On désigne sous le nom de *sol* la couche supérieure de la terre où croissent les plantes et les arbres.

DE QUOI DÉPEND SA FÉCONDITÉ? — Le sol n'est point partout également favorable à la culture. Sa fécondité dépend de diverses causes, mais principalement des éléments, c'est-à-dire des substances qui le composent. Toutefois, le travail de l'homme, appliqué avec intelligence, peut considérablement augmenter cette fécondité.

COMMENT VIVENT ET SE NOURRISSENT LES PLANTES? — Les plantes vivent aux dépens du sol et de l'air. Elles se nourrissent en grande partie des sucs de la terre et croissent en se les appropriant. Cela s'appelle *végéter.*

QU'EST-CE QUE LA TERRE VÉGÉTALE ? — On nomme *terre végétale* ou *sol arable*, la terre propre à la végétation. — Cette propriété varie d'un lieu à l'autre.

La terre qui favorise le plus la végétation est celle qui contient la plus grande quantité d'*humus* ou *terreau.*

COMMENT SE FORME L'HUMUS ? — L'*humus* se forme par la décomposition des plantes et des animaux : ainsi, quand une plante meurt et tombe sur le sol, elle se décompose, elle se pourrit et finit par se réduire en poussière. Cette poussière forme l'humus végétal.

De même, les corps des animaux, leurs excréments décomposés, forment de l'humus animal.

QU'EST-CE QUI INDIQUE, EN GÉNÉRAL, LA PRÉSENCE DE L'HUMUS DANS LE SOL ? — La présence de l'humus est ordinairement indiquée par la couleur (1) noirâtre qu'il donne à la terre. De là le dicton populaire : *Terre noire produit bon grain.*

QUELLES SONT LES PRINCIPALES PROPRIÉTÉS DE L'HUMUS ? — L'humus fournit aux plantes la plus grande partie de leurs aliments. Il se dissout aisément dans l'eau et se laisse alors facilement absorber par les racines. Il s'échauffe promptement en raison de sa couleur noirâtre ; il absorbe et conserve l'humidité. — Avec de

(1) Cette couleur est quelquefois produite par l'oxyde de fer.

telles propriétés, il n'est pas surprenant que la fertilité des terres dépende en grande partie de la plus ou moins grande quantité d'humus qu'elles contiennent.

QUELLE EST L'ÉPAISSEUR DE LA COUCHE VÉGÉTALE? — L'épaisseur de la couche végétale imprégnée d'humus est loin d'être partout la même. Elle est ordinairement de 15 à 16 centimètres, et souvent moindre. Quelquefois elle s'étend jusqu'à un mètre et au delà dans les terrains d'alluvion, c'est-à-dire dans les terrains formés du limon roulé par les eaux.

QUELLE EST L'INFLUENCE DE L'ÉPAISSEUR DE CETTE COUCHE? — Dans tous les cas, rien n'est plus favorable à la culture que l'épaisseur de la couche végétale.

QUELLE EST LA PROPORTION POUR LAQUELLE ENTRE L'HUMUS DANS LES TERRES VÉGÉTALES? — La proportion pour laquelle entre l'humus dans les terres végétales varie de 3 à 5 p. 100.

Le sol est des plus riches quand il contient 8 p. 100 d'humus : ce qui ne se rencontre que dans les terrains d'alluvion (1).

DEUXIÈME LEÇON.

Composition des terres végétales.

QUELLE EST LA COMPOSITION DU SOL VÉGÉTAL ? — Le

(1) D'après ce qui précède, on voit qu'il est du plus grand intérêt pour l'agriculteur d'augmenter l'humus dans ses terres par tous les moyens dont il peut disposer.

sol végétal, indépendamment de la plus ou moins grande quantité d'humus qu'il contient, se compose de trois sortes de terres : 1° l'argile ; 2° le sable ou la silice ; 3° la chaux (pierre ou terre calcaire).

QU'APPELLE-T-ON SOL ARGILEUX, SOL SABLEUX, SOL CALCAIRE ? — Il se nomme *sol argileux*, *sol sableux*, ou *siliceux*, et *sol calcaire*, suivant que l'argile, le sable ou la chaux y dominent.

QU'EST-CE QUE L'ARGILE ? — L'*argile* est une terre dure et tenace, fendillée en larges crevasses quand elle est sèche. Si, en cet état, vous la portez à la langue, elle s'y attache et en absorbe l'humidité. — Saturée d'eau, l'argile devient onctueuse, c'est-à-dire douce au toucher, se pétrit comme de la pâte et retient l'eau comme un bassin.

QU'EST-CE QUE LES TERRES FORTES ? — Les terrains argileux sont difficiles à travailler ; ils résistent aux instruments ; de là leur vient le nom de *terres fortes*.

PROPRIÉTÉS DES TERRES FORTES ? — Elles sont lentes à s'échauffer et se refroidissent vite. L'air y pénètre difficilement si elles ne sont pas divisées. Elles absorbent l'eau en grande quantité et la retiennent longtemps. Elles craignent peu la sécheresse.

QU'EST-CE QUE LES TERRES LÉGÈRES ? — Les terrains sableux ou siliceux se laissent traverser par l'eau comme un crible. Composés en grande partie de petits grains incohérents, c'est-à-dire séparés les uns des autres, ils ont peu de consistance et sont en tout temps d'un travail facile. De là leur vient le nom de *terres légères*.

Propriétés des terres légères: — Les terrains sableux se réchauffent vite. Ils absorbent l'eau avec facilité, se dessèchent rapidement et craignent la sécheresse.

Qu'est-ce que les terrains calcaires? Propriétés de ces terrains. — Les terrains calcaires sont ceux où domine la pierre dont on fait la chaux. Ils sont, comme les terrains sableux, d'un travail moins pénible que les terres argileuses. Ils s'échauffent rapidement. Ils absorbent l'eau avec abondance: ils sèchent plus vite que les terrains argileux.

Dans quel cas l'argile, la silice et la chaux sont-elles improductives ou favorables a la végétation? — L'argile pure, la silice pure, la terre calcaire non mélangée, sont impropres à la végétation. Mêlées ensemble, elles la favorisent. L'humus lui-même, s'il était seul serait stérile. En un mot, tous les terrains formés d'une seule substance sont infertiles; mais cette circonstance se produit rarement (1).

Quelle est la composition des terres franches — *Les terres franches* sont composées d'argile, de sable et de chaux dans les proportions les plus favorables à la culture. Elles contiennent 8 p. 100 d'humus.

(1) Cependant, on trouve le calcaire entièrement isolé des autres substances dans la craie blanche l'argile se trouve aussi, mais rarement, à l'état de pureté.

PROPRIÉTÉS DES TERRES FRANCHES. — Tous nos végétaux y réussissent; les travaux s'y exécutent facilement. Elles ne sont exposées ni à l'excessive humidité des sols argileux, ni à l'excessive sécheresse des sols sablonneux. L'air, l'eau et la chaleur les pénètrent aisément. Ces terres sont celles qui récompensent le mieux le travail de l'homme.

Entre les terres fortes ou argileuses et les terres légères ou sablonneuses, il existe des variétés infinies dont les principales sont : les sols *sablo-argileux*, *silico-calcaires*, *argilo-calcaires*.

QU'APPELLE-T-ON SOLS SABLO-ARGILEUX, BOULBÈNES OU TERRES BLANCHES? — On désigne sous le nom de *sablo-argileux* les sols sableux qui contiennent une forte proportion d'argile. Ces terrains se nomment aussi *boulbènes* dans le Midi, et terres blanches dans le Nord. Ils sont généralement froids, par ce que leur couleur blanche réfléchit les rayons du soleil. En y ajoutant la chaux qui leur manque, on les rend susceptibles de riches produits.

QU'APPELLE-T-ON SOLS SILICO-CALCAIRES? — Quand les sols sableux contiennent une forte proportion de chaux, on les nomme silico- calcaires.

QU'APPELLE-T-ON SOLS ARGILO-CALCAIRES? — Les sols argileux contenant une forte proportion de chaux s'appellent argilo-calcaires.

TROISIÈME LEÇON.

Du Sous-Sol.

QU'EST-CE QUE LE SOUS-SOL? — On appelle *sous-sol* la couche de terre placée immédiatement au-dessous du sol végétal.

La connaissance du sous-sol n'est point pour le cultivateur une chose sans importance, parce que le sous-sol peut exercer une grande influence sur la couche végétale qui le recouvre.

EFFETS DU SOUS-SOL SABLONNEUX PLACÉ SOUS UN SOL ARGILEUX. — Ainsi, un sous-sol sablonneux est favorable à un terrain argileux, parce que le sable se laisse facilement pénétrer par l'humidité surabondante dont il délivre l'argile.

EFFETS DU SOUS-SOL ARGILEUX PLACÉ SOUS UN SOL SABLEUX. — Un sous-sol argileux placé sous un sol sablonneux lui est pareillement favorable, parce qu'il lui conserve, au profit de la végétation, l'humidité que le sable ne peut retenir.

AVANTAGES DES LABOURS PROFONDS DANS CES DEUX CAS. — Dans ces deux cas, des labours profonds, ainsi que nous le verrons plus tard, produisent de bons résultats : le sous-sol sablonneux mêlé à l'argile le rend plus meuble, plus facile à travailler; le sous-sol argileux mêlé au sable lui donne de la consistance, et dans l'un comme dans l'autre cas, l'épaisseur de la couche arable augmente au profit des plantes que l'on y sème.

Avantages des labours profonds quand le sous-sol est de même nature que la couche végétale? — Si le sous-sol est de même nature que la couche végétale, il n'exerce sur elle aucune influence : mais ici encore les labours profonds sont avantageux, en ce sens, qu'ils augmentent l'épaisseur du sol végétal. Le résultat n'est jamais douteux si le défoncement est aidé du secours des engrais.

CHAPITRE II.

Des Engrais.

QUATRIÈME LEÇON.

Quel est le moyen de conserver a la terre sa fertilité ? — La fertilité du sol dépend, nous l'avons déjà dit, de la plus ou moins grande quantité d'humus qui s'y rencontre. Les plantes, vivant et se nourrissant en grande partie aux dépens de l'humus qu'elles absorbent, il est essentiel, pour conserver à la terre sa fertilité, de lui restituer l'humus qu'elle a perdu.

Si donc on introduit dans un sol, amaigri par une récolte, des débris de végétaux ou d'animaux, on lui rend l'humus dont il a été dépouillé, on l'*engraisse* s'il est permis de s'exprimer ainsi.

QU'APPELLE-T-ON ENGRAIS? — Il résulte de ce que nous venons de dire que l'on nomme *engrais* les débris de substances animales ou végétales enfouies dans le sol.

COMBIEN Y A-T-IL DE SORTES D'ENGRAIS? — Les diverses sortes d'engrais sont au nombre de trois : 1° les engrais végétaux ; 2° les engrais animaux ; 3° les engrais mixtes.

QU'EST-CE QUE L'ENGRAIS VÉGÉTAL? — On appelle engrais végétal l'engrais provenant des substances végétales.

QU'EST-CE QUE L'ENGRAIS ANIMAL? — L'engrais provenant de substances animales se nomme *engrais animal.*

QU'EST-CE QUE L'ENGRAIS MIXTE? — L'engrais mixte est celui qui provient à la fois de substances animales ou végétales.

CINQUIÈME LEÇON.

Engrais végétaux.

QUELS SONT LES EFFETS DES PLANTES ENFOUIES DANS LA TERRE? — Les plantes enfouies dans la terre enrichissent le sol en s'y pourrissant. Elles lui restituent alors, avec les substances qu'elles en ont tirées, celles qui leur ont été fournies par l'air et par l'eau.

CONDITIONS NÉCESSAIRES POUR QUE L'ENFOUISSEMENT

D'UNE RÉCOLTE EN VERT PRODUISE UN BON RÉSULTAT.— C'est surtout au moment de la floraison que l'enfouissement des plantes est le plus avantageux, parce qu'alors elles contiennent plus de séve et qu'elles se pourrissent avec rapidité. Le résultat sera d'autant plus grand, que la récolte destinée à être enfouie aura végété avec plus de vigueur et que la quantité enfouie sera plus considérable. Voilà pourquoi on doit semer très-dru les plantes destinées à être enterrées en vert.

QUELLES SONT LES PLANTES QU'ON ENFOUIT EN VERT DANS LES TERRES ARGILEUSES ET SILICO-ARGILEUSES ?— Parmi les plantes qu'on enfouit en vert, le lupin à fleurs blanches réussit parfaitement dans les terres siliceuses et silico-argileuses. Il réussit mal dans les argiles tenaces et dans les terres calcaires.

PLANTES QU'ON ENFOUIT EN VERT DANS LES SOLS LÉGERS. — Dans les sols légers, on emploie avec succès, comme fumure verte, le sarrasin, la spergule, le seigle, le colza, le trèfle.

PLANTES QU'ON ENFOUIT EN VERT DANS LES TERRES FORTES. — Dans les terres fortes en emploie la fève.

QUEL SOL PRÉFÈRE LA SPERGULE ? — La spergule vient dans tous les sols, même les plus pauvres, pourvu qu'elle ne manque pas d'humidité pendant sa végétation ; mais elle aime surtout les sables frais.

A QUELS TERRAINS CONVIENNENT PARTICULIÈREMENT LES ENGRAIS VERTS ? — Les engrais verts conviennent mieux aux terres légères qu'aux terres fortes.

QUELLES SONT LES PLANTES DONT LES GRAINES SONT

EMPLOYÉES COMME ENGRAIS ? — Les graines de certaines plantes peuvent, comme les feuilles, les tiges et la racine former de l'engrais végétal; ainsi, le marc de raisin convient particulièrement à la fumure des vignes; le marc d'olives aux plantations d'oliviers. Les tourteaux de colza, de lin et de navette, réduits en poussière, se répandent avec succès sur le sol, avant la semaille, ou au printemps, sur les céréales et les autres récoltes par un temps humide.

SIXIÈME LEÇON.

Engrais animaux.

QUELS SONT LES PLUS PUISSANTS DE TOUS LES ENGRAIS. — Tous les débris des animaux, réduits à l'état d'humus par la décomposition forment des engrais énergiques, on peut même dire les plus actifs et les plus puissants de tous les engrais ; ainsi, la chair, les os, les cornes, le sang, les excréments, les urines, la laine, les poils, la plume, fournissent aux plantes une nourriture abondante; mais ces engrais sont malheureusement peu abondants et forts coûteux.

QUELS SONT LES MOYENS D'ACTIVER LA DÉCOMPOSITION DE CERTAINES SUBSTANCES ANIMALES? — Pour activer la décomposition des animaux morts, on les soumet à l'action de la chaux vive. — On facilite la décomposition des os et des cornes en les broyant. — On enfouit pendant un certain temps la laine, la plume et les poils, avant de les employer comme engrais. — On laisse dessécher le sang et on l'emploie réduit en poudre.

QU'EST-CE QUE LE NOIR ANIMAL? — Le sang mêlé avec des charbons d'os réduit en poudre fine forme ce qu'on appelle noir animal. C'est le plus puissant de tous les engrais.

QU'EST-CE QUE LA POUDRETTE? — Après le noir animal vient la *poudrette*, qui n'est autre chose que les excréments humains réduits en poussière.

COMMENT S'EMPLOIE L'URINE COMME ENGRAIS? — L'urine de l'homme et des animaux est un excellent engrais, soit qu'on la répande pure et sans mélange sur des terres nues, soit qu'on la verse sur les récoltes mêlée à deux ou trois fois son volume d'eau. Ce dernier procédé s'emploie en grand en Belgique avec beaucoup de succés. On prétend que chaque kilogramme d'urine rapporte un kilogramme de blé. Il est donc du plus grand intérêt pour l'agriculture de recueillir et de conserver les excréments et les urines, et d'en prévenir la déperdition (1).

QU'EST-CE QUE LA COLOMBINE? — La *colombine*, ou fiente de pigeons, est aussi un engrais très-puissant. Celle de volaille a des propriétés moins actives.

(1) Dans plusieurs départements, on fait séjourner les bestiaux, et particulièrement les moutons, pendant les belles nuits d'été, sur un champ que l'on veut fumer. Ce séjour se nomme parcage, parce que le bétail est enfermé dans le champ à l'aide d'une clôture mobile, appelée parc.

QU'EST-CE QUE LE GUANO? — Le *guano* est un engrais de la nature du précédent. Il provient de la fiente d'oiseaux sauvages et se trouve en couches épaisses dans les îles de la mer du Sud.

SEPTIÈME LEÇON.

Engrais mixtes.

QU'EST-CE QUE LE FUMIER DE NOS ÉTABLES? — L'engrais mixte provient à la fois de substances animales et végétales. Ainsi, le fumier de nos étables, qui se compose des excréments et de l'urine des animaux, mêlés aux végétaux qui ont servi de litière, est un engrais mixte.

QUEL EST LE PLUS IMPORTANT DES ENGRAIS? — De tous les engrais employés dans l'agriculture, le fumier est le plus considérable et le plus important. Aussi le cultivateur intelligent doit-il s'attacher à en produire la plus grande quantité possible. Le fumier fait la richesse de l'agriculteur:

« Petit fumier, petit grenier;
« Gros fumier, gros grenier, »

sont de vieux dictons connus dans toutes les campagnes.

COMMENT OBTIENT-ON LA PLUS GRANDE QUANTITÉ POSSIBLE DE FUMIER? — Pour obtenir dans une ferme la plus grande quantité possible de fumier, le bétail doit être bien nourri et la litière souvent renouvelée.

QUELLE EST LA MEILLEURE DES LITIÈRES? La paille est la meilleure de toutes les litières. A défaut de paille, on emploie les feuilles d'arbres, la bruyère, les joncs, la fougère, les genêts.

SUFFIT-IL DE PRODUIRE BEAUCOUP DE FUMIER? COMMENT EN ÉVITE-T-ON LA DÉPERDITION, ET QUELLE EST LA MEILLEURE MANIÈRE D'EMPLOYER LE FUMIER? — Il ne suffit pas de produire beaucoup de fumier; il faut encore en éviter la déperdition et lui conserver toutes ses qualités. L'expérience a démontré que ce qu'il y a de mieux à faire pour cela, c'est de transporter le fumier dans les champs au sortir de l'étable, et de l'enfouir immédiatement. C'est la meilleure manière de l'employer.

Y A-T-IL AVANTAGE A PLACER LES TAS DE FUMIER EN PLEIN AIR? — C'est une grande erreur de croire que les fumiers déposés en tas, au sortir de l'étable, dans une fosse exposée à l'air, valent mieux que s'ils eussent été employés tout frais. Ils perdent, au contraire, leurs principes les plus fertilisants, soit par l'effet de la fermentation, c'est-à-dire de la chaleur qui se développe dans le tas, soit par le lavage des eaux.

VAUT-IL MIEUX FORMER LE TAS SOUS UN HANGAR? — Quand on ne peut pas employer les fumiers à mesure qu'on les extrait de l'étable, il est bon de les conserver secs, à l'abri de l'air, et aussi froids que possible, en les plaçant sous un hangar tourné vers le nord.

À DÉFAUT DE HANGAR, QUELLES PRÉCAUTIONS DOIT-ON PRENDRE ? QU'APPELLE-T-ON PURIN ? — Quand on ne peut pas placer sous un hangar la fosse destinée à recevoir les fumiers, on a soin de faire en sorte que le tas soit abrité du midi. Dans la partie la plus basse de l'emplacement, on creuse une fosse destinée à recevoir le *purin*, ou jus du fumier, dont il est bon d'arroser souvent le tas à l'aide d'une pompe ou par tout autre moyen.

FORMATION DES TAS DE FUMIERS DANS LES CHAMPS. — Quand on forme un tas dans un champ, il est avantageux de le placer dans la partie la plus élevée, afin que les sucs qui s'en échappent profitent à la partie inférieure. Le tas doit être dressé à bords bien perpendiculaires et les couches bien étendues et bien tassées.

PAR QUEL MOYEN PEUT-ON CONSERVER SES QUALITÉS AU FUMIER MIS EN TAS ? — Dans tous les cas, rien n'est plus favorable à la conservation du fumier mis en tas, que de recouvrir les diverses couches dont le tas est formé, d'une couche de marne, et mieux encore et surtout d'une couche de plâtre réduit en poudre. Mais il faut bien se garder de mêler au tas des cendres ou de la chaux.

HUITIÈME LEÇON.

Qualités des fumiers. — Leur emploi.

De quoi dépendent les qualités du fumier? — Les qualités du fumier dépendent de la nourriture des animaux; ainsi, le fumier produit par des bêtes grasses et bien nourries est d'une qualité supérieure à celui que produisent des animaux maigres et mal nourris.

Quels sont les fumiers les plus énergiques? — Les qualités du fumier varient aussi suivant l'espèce des animaux qui le produisent. Les fumiers de mouton et de cheval sont plus énergiques que ceux de vache et de cochon.

Quels sont les fumiers chauds? — Les fumiers de mouton et de cheval ont reçu le nom de *fumiers chauds* et conviennent particulièrement aux terrains froids et humides, comme les boulbènes.

Quels sont les fumiers froids? — Les fumiers de vache et de cochon, désignés sous le nom de *fumiers froids*, conviennent aux terrains chauds et légers tels que les sables et les calcaires.

Quels sont les fumiers pailleux? — On nomme *fumiers pailleux*, les fumiers que l'on emploie au sortir de l'étable. Ils produisent un bon effet sur les terres humides et fortes, en les soulevant et en les divisant.

Manière de répandre le fumier. — Le fumier doit être répandu partout également sur le sol, afin que les récoltes ne se renversent pas sur les points trop fortement fumés, et qu'elles ne languissent pas dans les parties privées d'engrais.

QUANTITÉ A EMPLOYER. — Quant à la quantité de fumier qu'on doit employer dans un champ, elle varie nécessairement suivant les besoins du terrain, la nature des récoltes et les ressources dont on dispose : 200 quintaux métriques par hectare sont considérés comme une fumure modérée ; 500 quintaux métriques sont une fumure complète.

DANGERS D'UNE FUMURE TROP FORTE. — Une fumure trop forte peut faire verser les céréales. Aussi pour prévenir ce danger dans les terres fertiles, on fume seulement la récolte sarclée qui précède la céréale (1), laquelle ne trouve plus alors un engrais trop abondant.

Les argiles supportent de plus fortes fumures que les sables.

NEUVIÈME LEÇON.

Des Composts.

QU'APPELLE-T-ON COMPOSTS ? — MANIÈRE DE LES FORMER. — Les *composts* sont des engrais que l'on obtient en formant un tas de tous les débris de substances végétales et animales qui se perdent habituellement,

(1) On appelle céréales les plantes produisant des épis dont les grains peuvent servir à la nourriture de l'homme : le froment, le seigle, l'orge, le maïs, l'avoine.

telles que les herbes, les balles, les balayures, les feuilles, les plumes, les boues des environs de la ferme. Ces débris doivent être disposés en couches que l'on sépare entre elles par une couche de fumier d'étable. On arrose le tas de temps en temps avec de l'eau, ou mieux encore avec du jus de fumier, et l'on s'en sert quand la décomposition s'est opérée.

Quelques agriculteurs forment des composts en superposant alternativement une couche de chaux vive, de cendres et de suie sur une couche d'herbages ou sur une couche de paille.

Les boues des villes, les balayures des routes et des rues, qui se composent d'immondices de toutes sortes, forment de bons composts après avoir séjourné en tas pendant le temps nécessaire à leur décomposition.

CHAPITRE III.

Des Amendements.

DIXIÈME LEÇON.

QU'APPELLE-T-ON AMENDEMENT? — Nous avons dit en parlant de la composition des terres végétales, que trois substances essentielles concourent à leur formation: l'argile, le sable et la chaux. Quand le sol est dépourvu de l'une de ces substances, il est en quelque sorte incomplet, et, pour le placer dans des conditions plus favorables à la culture, il devient nécessaire d'y introduire la substance qui lui manque. Au moyen de cette opération, le sol se trouve amélioré ou *amendé*.

De là vient que l'on appelle *amendements* des substances, qui mélangées avec le sol, lui ôtent certains défauts et lui donnent les qualités qui lui manquent.

QUELS SONT LES PRINCIPAUX AMENDEMENTS ? — Les principaux amendements sont : la *chaux* (1), la *marne*, l'*argile*, et le *sable*.

1° : Du Chaulage.

QU'EST-CE QUE LE CHAULAGE ? — On nomme *chaulage* l'opération qui consiste à mélanger au sol une certaine quantité de chaux.

A QUELS TERRAINS CONVIENT LE CHAULAGE ?—Le chaulage est avantageux dans tous les terrains dépourvus de substances calcaires. Il est inutile dans les terres qui en sont suffisamment pourvues, et nuisible dans les sols où le calcaire domine.

(1) COMMENT S'OBTIENT LA CHAUX ? QU'EST-CE QUE LA CHAUX VIVE ? — En faisant chauffer fortement dans un four construit exprès pour cet objet, une sorte de pierre appelée *pierre calcaire*, on obtient la chaux, telle qu'on la vend dans le commerce. En cet état, on la nomme *chaux vive*.

QU'EST-CE QUE LA CHAUX ÉTEINTE ?—Quand on la mêle à l'eau, elle s'échauffe, fume, bouillonne, et se réduit, en s'éteignant, en une pâte fine. C'est la *chaux éteinte*.

QU'EST-CE QUE LE MORTIER ?—La chaux mêlée au sable forme le *mortier* qu'on emploie dans les constructions.

Effets de la chaux sur un sol argileux; sur les terres sableuses; sur les matières végétales et animales. — La chaux, introduite dans un sol argileux, le divise, l'ameublit, le soulève, et le rend ainsi plus facile à travailler; elle donne de la consistance aux terres sablonneuses, qui deviennent alors moins exposées aux effets des fortes chaleurs; elle active la décomposition des matières végétales et animales, et facilite singulièrement l'absorption de ces matières par les plantes.

Il résulte de ces propriétés, que la chaux peut être avantageusement employée comme amendement dans les terres sablonneuses et dans les terrains argileux.

Effets de la chaux sur les sols tourbeux ou nouvellement défrichés. — On l'emploie aussi avec succès dans les sols tourbeux ou nouvellement défrichés qui contiennent des herbes, des racines, des branchages non décomposés. Dans ces deux derniers cas, la chaux vive, réduite en poudre au sortir du four, répandue en cet état sur le sol, et enterrée avant la semaille, produit un excellent effet.

Soins à prendre pour employer utilement la chaux sur les terrains humides. — On obtiendrait peu de résultats du chaulage sur les terrains humides, si l'on ne prenait soin de faciliter l'écoulement des eaux surabondantes.

La chaux dispense-t-elle de fumer? — Comme la chaux en ameublissant le sol et en décomposant les substances végétales et animales qui s'y rencontrent, permet aux plantes d'étendre plus profondément leurs racines et d'absorber une plus grande quantité d'humus, il s'ensuit que, pour conserver à un sol *chaulé* sa fécondité, on doit y multiplier les engrais, précisément parce qu'ils sont absorbés avec plus de rapidité. Les fumures doivent être peu abondantes, mais souvent répétées.

RÉSULTATS PRODUITS PAR L'EMPLOI DE LA CHAUX. — On a vu bien souvent le produit d'une terre doubler dès la première année par le chaulage. De pareils résultats sont bien faits pour engager le cultivateur à faire usage de la chaux dans les terres susceptibles de recevoir cet amendement. Mais, pour éviter le danger d'essuyer des mécomptes, il sera prudent, avant d'opérer, de prendre conseil d'une personne instruite, et de ne faire d'abord que des essais peu coûteux, sur un espace de terrain peu étendu.

Essayez, essayez donc du chaulage, mes chers enfants ; engagez vos parents à en faire usage, en petit d'abord, à très-peu de frais. Si, grâce à vos exhortations, ils se décident à employer cet amendement, l'expérience leur apprendra que ce qu'ils ont fait jusqu'à ce jour, en agriculture, n'était pas ce qu'il y avait de mieux à faire. Ils ne s'obstineront plus alors à suivre aveuglément le sentier de la routine, et quand ils auront vu de leurs yeux les avantages des nouveaux procédés de culture, ils ne diront plus : *Nos pères ont toujours fait de telle manière ; pourquoi ferions-nous autrement?* L'instruction que vous recevez commencera alors à porter ses fruits.

QUELLE EST LA QUANTITÉ DE CHAUX A EMPLOYER POUR

UN HECTARE? — Pour chauler convenablement un hectare de terre il faut au moins 3 à 4 hectolitres de chaux par an. En décuplant cette quantité, l'action de la chaux se ferait sentir pendant dix ans.

Les argiles exigent plus de chaux que les terres sableuses.

ONZIÈME LEÇON.

Suite du chaulage.

COMMENT SE PRATIQUE LE CHAULAGE? — Voici comment se pratique le plus généralement l'opération du chaulage :

On prépare le champ par deux bons labours, on le herse, puis on y dépose la chaux vive en petits tas de grosseur égale, éloignés en tous sens les uns des autres de 5 à 6 mètres. Chaque tas doit être immédiatement recouvert d'une couche de terre quatre ou cinq fois plus considérable que le tas lui-même.

La chaux ainsi recouverte ne tarde pas à se gonfler par l'effet de l'humidité, et il se forme souvent dans les tas des crevasses qu'il faut avoir soin de boucher avec de la terre.

Dès que la chaux se trouve divisée, c'est-à-dire réduite en poussière, on se hâte de brasser les tas, afin de mélanger la chaux avec la terre qui la recouvre; puis, enfin, on répand les tas sur le sol aussi également que possible, et l'on enterre la chaux par un labour superficiel, c'est-à-dire peu profond.

QUELLE EST L'ÉPOQUE LA PLUS CONVENABLE POUR CHAULER? — L'époque la plus favorable pour cette opération est la fin de l'été. Elle doit se faire par un temps sec pour obtenir les meilleurs résultats.

Le fumier se répand plus tard sur le sol, à l'époque des semailles.

RÉSULTAT OBTENU AU MOYEN DU CHAULAGE. — Au moyen du chaulage et des engrais combinés avec un bon système d'assolement, nous avons vu décupler en moins de dix ans les revenus d'une propriété située aux environs de Nontron (Dordogne), sous la direction intelligente de MM. Valade frères, qui en sont les propriétaires.

DOUZIÈME LEÇON.

2° Du marnage.

QU'EST-CE QUE LA MARNE? — La *marne* est une substance composée de chaux et d'argile dans des proportions très-variées. Ainsi, il y a de la marne qui, sur cent parties, ne contient que quinze parties de chaux et quatre-vingt-cinq parties d'argile, tandis qu'on en trouve d'autres contenant quatre-vingt-dix parties de chaux et dix d'argile seulement.

OU SE TROUVE LA MARNE, ET SOUS QUELS ASPECTS SE

PRÉSENTE-T-ELLE?— La marne se rencontre en beaucoup d'endroits à une plus ou moins grande profondeur au-dessous du sol. C'est une substance bien répandue. Elle se présente sous divers aspects : tantôt elle est grasse et onctueuse et se nomme alors *marne argileuse*, tantôt elle est fine et divisée ; on la nomme *marne sableuse*. Enfin, elle prend le nom de *marne pierreuse* quand elle est dure comme la pierre.

MOYEN INFAILLIBLE DE RECONNAITRE LA MARNE. — Le moyen de reconnaître la marne est bien simple : après avoir fait sécher un morceau de la substance qu'on veut éprouver, on la plonge dans de fort vinaigre. S'il se produit une vive effervescence, c'est-à-dire un fort bouillonnement, on est sûr que cette substance est de la marne. Plus l'effervescence est vive et longue, plus la marne contient de chaux.

EMPLOI DE LA MARNE. — EFFETS DE LA MARNE. — La marne s'emploie comme amendement dans les sols dépourvus de substances calcaires. Ses effets sont à peu près les mêmes que ceux de la chaux. Elle donne de la consistance aux terres légères en y ajoutant de l'argile, elle ameublit les terres fortes en y introduisant une certaine quantité de chaux ; mais elle n'active pas, comme la chaux, la décomposition des matières végétales et animales, ce qui fait qu'elle ne convient pas aux terrains tourbeux ou nouvellement défrichés.

La marne sableuse convient particulièrement aux ols argileux ; la marne argileuse aux sols sablonneux.

QU'EST-CE QUE LE MARNAGE ? — On nomme *marnage* l'opération qui consiste à mêler au sol une certaine quantité de marne.

COMMENT SE PRATIQUE LE MARNAGE ? — Le marnage se fait pendant l'hiver. On transporte la marne sur le sol, où on la dépose en petits tas peu éloignés les uns des autres. Elle se délite, c'est-à-dire elle se réduit en poussière par l'effet des pluies et de la gelée. Au printemps, on la répand sur le sol aussi également que possible, et on a soin de labourer par un temps sec, pour que la marne se mêle bien avec la terre.

Les terrains marnés exigent des fumures souvent répétées.

QUANTITÉ DE MARNE A EMPLOYER. — La quantité de marne à employer varie suivant la quantité de chaux qu'elle contient ; plus la marne renferme de chaux, moins il en faut pour marner un champ. On évalue à 100 mètres cubes par hectare la quantité nécessaire, si la marne contient cinquante parties de chaux sur cent. — On voit que cette opération serait très-coûteuse si la marne ne se trouvait pas rapprochée du champ sur lequel on veut l'employer.

COMBIEN DE TEMPS DURENT LES EFFETS DU MARNAGE ? — Les effets du marnage se font peu sentir la première année ; mais ils se manifestent à la seconde et durent ensuite de vingt à vingt-cinq ans.

Ici, comme pour le chaulage, il sera prudent de consulter une personne instruite.

Emploi des coquilles. — Les coquilles, par la raison qu'elles contiennent de la chaux, sont employées comme amendement dans les terrains dépourvus de substances calcaires. On les trouve en quelques endroits par bancs assez étendus.

3° De l'argile et du sable.

Dites un mot de l'argile et du sable employés comme amendements. — Un sol argileux et compacte peut être amendé en y mêlant du sable ; de même un sol sableux, léger, ayant peu de consistance, peut être amélioré en y mêlant de l'argile ; mais ces expériences, dont la réussite est souvent incertaine, entraînent des frais de transport considérables, de sorte qu'il serait imprudent de les tenter sur un grand espace. — On ne doit s'y décider qu'après avoir fait des essais en petit et s'être assuré que les avantages de l'opération en compenseraient suffisamment la dépense.

CHAPITRE IV.

Des Stimulants.

TREIZIÈME LEÇON.

Qu'appelez-vous stimulants ? — On donne le nom de *stimulants* à certaines substances qui, répandues sur les plantes, en activent la végétation et les font croître avec plus de vigueur.

Les principaux stimulants sont : le *plâtre*, les *cendres* et le *sel*.

1° Du plâtre.

QU'EST-CE QUE LE PLATRE ? — Le *plâtre* est une substance pierreuse composée de chaux et de soufre. C'est un stimulant très-énergique; mais il n'agit pas sur toutes les plantes. Il ne produirait aucun effet sur les céréales et sur les prairies naturelles.

À QUELLES PLANTES CONVIENT-IL ? — Les plantes auxquelles il convient sont : le trèfle, la luzerne, le sainfoin, la lupuline. Le chou, le colza, la navette, s'en accomodent également; mais c'est surtout au trèfle et à la luzerne que l'on applique le plâtre avec succès.

COMMENT S'EMPLOIE LE PLATRE ? — Le plâtre s'emploie cuit ou cru, mais toujours réduit en poudre fine. On répand cette poudre à la volée sur les plantes, lorsque leurs feuilles commencent à couvrir la terre. Cette opération, appelée *plâtrage*, se fait au printemps, par un temps humide, afin que la poussière s'attache aux feuilles.

QUELLE EST LA QUANTITÉ DE PLATRE SUFFISANTE POUR UN HECTARE ? — Deux hectolitres de plâtre suffisent pour un hectare. C'est une dépense d'environ 8 francs, qui double souvent le produit de la récolte.

Ici encore, mes jeunes amis, je vous dirai : Essayez du plâtre sur un très-petit espace, répandez-le à la dérobée dans un petit coin d'un champ semé en trèfle. Quand le plâtre aura produit son effet, vous conduirez votre père dans le champ, vous lui demanderez d'où vient que sur un point la végétation est plus vigoureuse qu'ailleurs ; pourquoi sur ce point les feuilles sont plus larges et d'un vert plus foncé que dans le reste de la pièce. Il sera peut-être embarrassé pour vous expliquer la chose. Découvrez-lui alors votre ruse innocente.

2° Des cendres.

EMPLOI DES CENDRES. — Les *cendres de lessive* mêlées à la terre favorisent la végétation des plantes. L'expérience a démontré qu'elles produisent plus d'effet que les cendres vives, c'est-à-dire telles qu'on les retire du foyer. On les applique de préférence aux sols argileux et compactes, parce qu'elles les divisent et les ameublissent. Elles profitent beaucoup aux céréales, aux pommes de terre et aux prairies naturelles. Nous avons employé nous-même les cendres de lessive avec succès dans les prés humides, pour y faire périr les joncs ; mais, au bout de trois ans, les joncs reparaissent, et il est nécessaire de renouveler l'emploi des cendres.

Les cendres de tourbe, celles de houille ou charbon de terre sont employées aux mêmes usages.

3° Du sel.

Le *sel* est un stimulant assez énergique, mais qu'on

ne peut guère employer, à cause de son prix élevé, si ce n'est sur les bords de la mer.

CHAPITRE V.

Défrichements et Écobuage.

QUATORZIÈME LEÇON.

1° Défrichements.

QU'APPELLE-T-ON FRICHES OU TERRES VAGUES ? — On appelle en général *friches* ou *terres vagues* des terrains abandonnés, sur lesquels la main de l'homme ne se livre à aucun travail de culture.

QU'EST-CE QUE DÉFRICHER ? — *Défricher* une terre inculte, c'est en arracher les mauvaises herbes, les broussailles, les ronces et les bois pour la cultiver ensuite.

Cette opération se nomme *défrichement*.

EST-IL PRUDENT DE DÉFRICHER TOUTES SORTES DE TERRAINS ? — Il se trouve en France de grandes étendues de friches ne produisant à peu près rien, et qui pourtant sont susceptibles de donner de bonnes récoltes. Rendre productives ces terres incultes, c'est augmenter la richesse du pays, c'est faire acte de bon citoyen. — Mais comme, avant tout, l'homme qui travaille doit être payé de sa peine, l'agriculteur, avant d'entreprendre un défrichement, doit s'assurer que ses travaux ne seront pas en pure perte. Il étudiera la nature du sol et les difficultés du défrichement. Il fera bien d'essayer d'abord sur un petit espace.

AVANTAGES ET INCONVÉNIENTS DU DÉFRICHEMENT SUIVANT LES TERRAINS. — Les terrains qu'il est le plus avantageux de défricher sont ceux qui contiennent le plus d'humus.

Le défrichement des vieilles prairies est en général une bonne opération, surtout si elle peut s'exécuter avec la charrue.

Le défrichement du bois est plus dispendieux et souvent fort chanceux. Il y a des terres qui ne peuvent produire que du bois. Les bois, d'ailleurs, sont une source abondante de revenus, et ils n'exigent que peu de soins.

Les landes sablonneuses peuvent être avantageusement défrichées pour recevoir des semis d'arbres verts, tels que le pin, le sapin, le mélèze.

Les défrichements sur des terrains en pente rapide présentent de sérieux dangers : les grandes pluies entraîneraient la terre végétale, et le sol deviendrait stérile.

COMMENT SE FONT LES DÉFRICHEMENTS ? — Les défrichements se font, soit avec la charrue, soit à l'aide de la bêche et du pic.

Les défrichements à la charrue sont les moins coûteux, mais ils ne sont pas toujours possibles. Quand le terrain est en pente trop roide, quand il se rencontre dans le sol de fortes racines ou de grosses pierres, la charrue serait impuissante ; il faut avoir recours au pic

Mais, dans ce cas, il est important de calculer la dépense et de ne pas entreprendre aveuglément des travaux qui, au lieu d'être profitables, pourraient devenir ruineux. On ne peut jamais être trop prudent en fait d'entreprises agricoles.

L'époque la plus convenable pour exécuter les défrichements est la saison de l'hiver; parce qu'alors, en arrachant les mauvaises herbes, on a l'avantage de faire geler leurs racines.

EMPLOI DE LA CHAUX DANS LES DÉFRICHEMENTS. — Quand un sol défriché contient une très-grande quantité de racines d'arbustes et de végétaux, pour activer la décomposition de ces racines et les réduire plus promptement à l'état d'humus, l'emploi de la chaux vive est un excellent moyen. Mais ce moyen n'est pas toujours suffisant : il faut alors recourir à l'écobuage.

2° De l'écobuage.

EN QUOI CONSISTE L'ÉCOBUAGE ? — L'*écobuage* consiste à brûler la croûte supérieure du sol avec les racines qu'elle contient, et à répandre ensuite de la cendre sur la surface.

COMMENT SE PRATIQUE L'ÉCOBUAGE ? — Quand on se propose d'écobuer un champ, on le laboure à 2 ou 3 centimètres seulement, avec la bêche ou la charrue. Puis, quand cette croûte est bien desséchée, on en forme de petits tas, sous chacun desquels on a soin de placer des branches ou des herbes sèches, auxquelles on met le feu. Les tas se consument au bout de quelques jours, et se réduisent en cendres. On répand ces cendres sur le sol aussi également que possible.

L'opération de l'écobuage doit se faire au printemps ou en été, et toujours par un temps chaud et sec.

À QUELS TERRAINS CONVIENT SPÉCIALEMENT L'ÉCOBUAGE? — Les sols auxquels convient spécialement l'écobuage sont les sols tourbeux, les marais nouvellement desséchés, les terres trop fortes et trop humides, en un mot, tous les sols où se trouvent en grande quantité des matières végétales non décomposées.

NÉCESSITÉ DE FUMER APRÈS L'ÉCOBUAGE. — Un sol écobué donne, la première année, une récolte abondante; mais il serait bientôt épuisé, si une fumure abondante ne venait ensuite lui restituer l'humus qu'il a perdu, soit par la calcination des matières végétales, soit parce que les cendres, étant un puissant stimulant, ont favorisé l'absorption de l'humus.

CHAPITRE VI.

Drainage. — Transport des terres.

QUINZIÈME LEÇON.

1° Drainage.

FAITES-NOUS COMPRENDRE CE QUE L'ON ENTEND PAR LE DRAINAGE. — Vous pouvez remarquer, mes enfants, et vos parents le savent par expérience, que les récoltes réussissent mal dans les terrains où l'eau croupit et surabonde. Cette circonstance se produit surtout dans les terres dont le sous-sol, formé d'une argile compacte, ne se laisse pas traverser par l'eau et la retient, au contraire, comme le ferait un bassin, dans la couche végétale, où elle se corrompt et pourrit les racines des plantes.

Pour remédier à cet inconvénient des sols trop humides, on creuse, de distance en distance, suivant la pente du terrain, des rigoles et des fossés ouverts, destinés à faciliter l'écoulement des eaux surabondantes. Quelquefois, on établit, de dix en dix mètres, des tranchées souterraines dont on garnit le fond avec des branchages, des pierres ou des tuiles posées sur des briques, et formant ainsi un conduit. Puis on rejette la terre sur ces tranchées, afin que le terrain ne soit pas perdu pour la culture.

Effets du drainage. — L'opération dont nous venons de parler est ce qu'on appelle le *drainage*.

On a constaté que le drainage, appliqué aux terres argileuses, fait souvent plus que doubler leur produit. Il est pratiqué en grand, depuis quelques années, en Écosse et en Angleterre, avec le plus grand succès. Mais cette amélioration importante n'a été jusqu'ici exécutée en France que sur des étendues très-bornées.

Qu'a fait le gouvernement de l'Empereur pour encourager le drainage? — Il appartient au gouvernement impérial, qui s'occupe avec tant de sollicitude des intérêts de l'agriculture, de donner une vive impulsion à l'application générale des procédés de drainage. Dans ce but, l'État a été autorisé à prêter aux propriétaires une somme de 100 millions, pour faciliter les entreprises ayant pour objet l'assainissement des terres au moyen du drainage. De plus, des instructions ont été données, dans chaque département, à MM. les préfets, pour que, sur la demande des propriétaires, ils veuillent bien placer à la tête de ces travaux des hommes spéciaux, capables de les diriger convenablement, ce que ne pourrait faire le premier venu, sans s'exposer à de fausses manœuvres et à des dépenses inutiles.

TUYAUX DE DRAINAGE. — Il se fabrique aujourd'hui en France, au moyen de machines dont l'invention est due aux Anglais, des tuyaux de terre cuite qui remplacent avec une grande économie les pierres concassées dont on remplissait le fond des tranchées.

2° Transport des terres.

DANS QUEL CAS EST-IL NÉCESSAIRE D'OPÉRER DES TRANSPORTS DE TERRES? — AVANTAGES DE CES TRANSPORTS. — Il n'est pas rare de voir dans les plaines, pendant les pluies de l'hiver, la moitié des champs submergés : cela vient de ce que les terres sont entraînées par la charrue et par les averses à l'extrémité des pièces, où elles finissent par former de petits monticules qui s'opposent à l'écoulement des eaux. Pour remédier à cet inconvénient, l'agriculteur intelligent et soigneux opère chaque année des transports de terre qu'il prend sur les bordures et qu'il dépose sur le point de la pièce où il a remarqué que les eaux ont séjourné sans s'écouler. Cette opération offre un double avantage : 1° celui d'ajouter à la fertilité du sol sur lequel on répand les terres transportées ; 2° celui de faciliter l'écoulement des eaux dans les fossés creusés autour de la pièce.

CHAPITRE VII.

Des Assolements.

SEIZIÈME LEÇON.

De quoi dépend principalement l'abondance des récoltes ? — L'amélioration du sol doit être l'objet constant de l'agriculteur. C'est de là principalement que dépend l'abondance des récoltes.

Dépend-elle seulement des engrais, des amendements ? — Vous venez de voir, mes jeunes amis, comment on peut améliorer une terre au moyen des engrais, des amendements et du drainage ; mais ce n'est pas tout ; il faut encore, pour conserver au sol sa fertilité, *ne lui demander chaque année que ce que chaque année il peut produire*. Or voici, à cet égard, ce que nous enseigne l'expérience, qui, en agriculture comme en tout autre chose, est le plus habile de tous les maîtres.

La même terre se lasse de produire toujours les mêmes plantes ; elle demande à changer de culture (1).

Ainsi, semez du blé dans le même champ pendant trois ans de suite, et la troisième année vous récolterez à peine la semence.

QU'ENTENDEZ-VOUS PAR LE MOT ASSOLEMENT ? - L'ordre dans lequel doivent se succéder les diverses récoltes sur une même terre est ce qu'on appelle *assolement*.

L'assolement est *biennal*, ou de deux ans quand la même récolte revient tous les deux ans, sur le même champ. On le nomme *triennal*, *quadriennal* ou *quinquennal*, suivant que la récolte n'y revient que tous les trois ans, tous les quatre ans ou tous les cinq ans.

Mais le choix des récoltes qui doivent se succéder dans un même champ ne doit point être livré au hasard. Il y a des récoltes qui épuisent le sol et des récoltes qui l'améliorent ou le reposent. Il en est d'autres qui le salissent, d'autres enfin qui le nettoient.

QU'APPELEZ-VOUS RÉCOLTES ÉPUISANTES ? — Les récoltes *épuisantes* sont celles qui vivent en grande partie aux dépens du sol, c'est-à-dire en absorbant une grande quantité d'humus. Telles sont : les céréales, le maïs, toutes les plantes dont on laisse mûrir la graine et celles dont les racines sont traçantes, c'est-à-dire s'étendent dans tous les sens.

(1) Ce principe ne peut être posé comme une règle générale. Il n'y a d'exception que pour les terrains les plus riches ; ceux, par exemple, qui sont consacrés à la culture du chanvre et qui reçoivent chaque année des fumures très-abondantes.

QU'APPELEZ-VOUS RÉCOLTES AMÉLIORANTES? — Les récoltes *améliorantes* sont celles qui vivent en grande partie aux dépens de l'air, qui empruntent peu à la terre, et lui laissent beaucoup de débris. Telles sont les récoltes fauchées en vert, comme le trèfle, le sainfoin, la luzerne, etc.

RÉCOLTES SALISSANTES? — Les récoltes *salissantes* sont celles qui favorisent la croissance des mauvaises herbes. Tels sont le froment, le seigle, l'orge, l'avoine.

RÉCOLTES NETTOYANTES? Les récoltes *nettoyantes* sont celles qui favorisent la destruction des mauvaises herbes. On doit ranger dans cette classe les fèves, les betteraves, les pommes de terre, les choux, les carottes, en un mot, toutes les plantes qui exigent de nombreux sarclages.

RÉCOLTES ÉTOUFFANTES? — Enfin, il y a des récoltes *étouffantes*. Ce sont les fourrages épais qui, par la vigueur et la rapidité de leur végétation, étouffent les herbes nuisibles. Ces récoltes sont en même temps nettoyantes et améliorantes.

QUE DOIT SE DIRE, EN FAIT D'ASSOLEMENT, UN AGRICULTEUR INTELLIGENT? — D'après ce qui précède, l'agriculteur intelligent se dira : L'assolement le plus avantageux est celui au moyen duquel je ferai succéder une récolte améliorante à une récolte épuisante, une récolte qui nettoie à une récolte qui salit, sans oublier que la même récolte ne devra revenir à la même place qu'après le plus long intervalle possible.

Dans les pays où l'agriculture a secoué le joug de la routine et marché dans la voie du progrès, les assolements sont établis conformément à ces principes. La jachère est supprimée et remplacée, avec d'immenses avantages, par les plantes sarclées et par les fourrages artificiels.

DIX-SEPTIÈME LEÇON.

De la Jachère.

QU'APPELEZ-VOUS JACHÈRE ? — On donne le nom de *jachère* à l'état de repos pendant lequel on laisse un terrain pendant une année entière.

Dans plusieurs départements du Midi, la moitié des terres reste en jachère, tandis que l'autre moitié est consacrée à la culture des céréales. Dans le Nord, au contraire, où l'agriculture est mieux entendue, la jachère est supprimée, et c'est avec juste raison, car on sait que la terre ne demande qu'à produire et qu'elle rend toujours en proportion de ce qu'on lui donne. Un sol bien amendé, bien fumé, bien assaini, ne trompe point les espérances du cultivateur,

On ne doit laisser en jachère que les terrains infectés de mauvaises herbes, afin de les en débarrasser par des labours nombreux et par de fréquents hersages.

AVANTAGES DE LA SUPPRESSION DE LA JACHÈRE. — La suppression de la jachère et son remplacement par des plantes sarclées ou par des fourrages offre d'immenses avantages.

Premier avantage.

Cette suppression permet au cultivateur de nourrir plus de bestiaux et de les mieux nourrir. Avec plus de bestiaux, il obtient plus de fumier ; avec plus de fumier il récolte un grain plus abondant.

Deuxième avantage.

En semant le blé sur des terrains qui ont produit des récoltes sarclées qu'on a eu soin de bien fumer ou des fourrages enterrés en vert, le sol se trouve placé dans d'excellentes conditions pour produire : les mauvaises herbes y sont rares ; l'humus y est abondant. Un hectare produit alors plus que deux auparavant.

Troisième avantage.

Enfin, avec la suppression de la jachère, la terre ne reste jamais improductive et, ce qui est mieux, au lieu de s'épuiser, elle s'améliore.

Mais vous me demanderez alors quels sont les fourrages et les plantes sarclées dont la culture doit être préférée.

A cet égard, mes chers enfants, il y aurait folie à vouloir poser des règles précises et absolues. Telle plante prospère dans le Nord qui réussirait mal dans le Midi ; telle autre plante aime les terrains légers qui languirait dans une terre forte. Ici conviendra la pomme de terre, le navet, le chou, la carotte ; là vous aurez du tabac, du chanvre, de la garance ou d'autres végétaux de commerce. Ici réussira le sainfoin; ailleurs, le trèfle ou la luzerne.

Vous choisirez donc les plantes qui devront composer votre assolement, après avoir consulté la nature des terrains et les usages de la localité. Vous examinerez ce qui se fait de mieux autour de vous. Vous en ferez votre profit. L'expérience que vous acquerrez par l'observation vous guidera plus sûrement que les livres.

DIX-HUITIÈME LEÇON.

Assolement par rotation.

En quoi consiste l'assolement par rotation? — L'assolement par *rotation* consiste à faire succéder alternativement les céréales aux cultures sarclées et aux fourrages. Il supprime complétement la jachère. Il est adopté dans les pays où la culture est le plus avancée.

Ces sortes d'assolements varient nécessairement selon la nature du sol et les besoins des localités, mais ils reposent toujours sur les principes que nous avons établis (1); les avantages qui en résultent peuvent se résumer ainsi :

(1) Exemple d'assolement par rotation :

1re année,		plantes sarclées avec fumure complète.
2e	—	avoine et trèfle.
3e	—	trèfle seul.
4e	—	blé.

Avantages de ces sortes d'assolements.

1° Augmentation de fourrages et de racines, et par suite augmentation de bétail et de fumier ;

2° Succession de cultures améliorantes et nettoyantes après le blé, qui épuise et qui salit ;

3° Retour éloigné des mêmes récoltes sur le même sol ;

4° Amélioration du sol et augmentation des récoltes.

Conclusion.

UTILITÉ DE PRODUIRE DES FOURRAGES. — Faites donc des prés, mes jeunes amis ; créez des fourrages, créez-en beaucoup. Le fourrage nourrit le bétail ; le bétail fait le fumier, le fumier produit le grain.

CHAPITRE VIII.

Des animaux domestiques.

DIX-NEUVIÈME LEÇON.

QU'APPELEZ-VOUS ANIMAUX DOMESTIQUES ? — On désigne sous le nom d'animaux *domestiques*, les animaux qui s'élèvent et se nourrissent dans la maison.

FAITES-LES CONNAITRE ; DITES UN MOT DE LEUR UTILITÉ EN GÉNÉRAL. — Tous, sans en excepter un, rendent à l'homme des services plus ou moins importants, et le récompensent ainsi des soins qu'il a pour eux.

Le *chien* est le compagnon et l'ami fidèle de l'homme. Il sert à la garde des troupeaux, veille sur l'habitation de son maître et le défend quand il est attaqué.

Le *chat* délivre la maison des souris et des rats qui nous incommodent et nous dévorent.

La *chèvre* et la *vache* nous donnent un lait nourrissant.

La *brebis* nous couvre de sa laine.

Le *bœuf*, le *cheval*, le *mulet* et l'*âne* labourent nos champs et traînent nos fardeaux.

La chair du *bœuf*, du *veau*, du *mouton* et du *porc* fournit à l'homme une nourriture qui répare ses forces.

La *poule*, le *canard*, l'*oie*, le *dindon*, le *pigeon*, outre des œufs et une chair délicate, donnent encore à l'homme le duvet sur lequel il se repose des fatigues de la journée.

Enfin, c'est pour lui que l'*abeille* compose son miel, que le *ver à soie* file ses cocons, qui se transforment en riches étoffes.

Ainsi, tous les animaux domestiques contribuent au bien-être de l'homme dans toutes les conditions de la société.

ILS SONT INDISPENSABLES A L'AGRICULTURE. — C'est surtout à l'agriculteur qu'ils rendent de précieux services : on peut même dire qu'ils sont pour lui d'une utilité indispensable. Pour vous en convaincre, mes enfants. Supprimons pour un instant les animaux domestiques dans une exploitation agricole. — Qui exécutera les travaux pénibles du voiturage ou de la charrue? — où se prendront les engrais? — que deviendront les récoltes? — et les bénéfices multipliés provenant de la vente journalière des animaux de toute espèce, comment et par quoi les remplacer?

Il est donc du plus grand intérêt pour l'agriculteur de multiplier autour de lui les animaux domestiques qui sont la source de toutes ses richesses.

De quoi dépend la prospérité du bétail?—La prospérité du bétail (1) dépend des soins dont il est entouré. Il en est du bétail comme de la terre : plus on lui donne, plus on en retire.

Quels avantages procure un animal bien soigné. — L'animal bien soigné se porte bien, travaille hardi-

(1) Qu'entend-on par le mot bétail en général? — Le mot *bétail*, en général, s'attaque à tous les animaux domestiques.

Animaux qui font partie du gros bétail. — On désigne sous le nom de *gros bétail* le taureau, le bœuf, la vache, le veau, la génisse, qui tous appartiennent à la même race, appelée *race bovine*. Le cheval, le mulet et l'âne sont aussi rangés parmi le gros bétail.

Animaux qui font partie du petit bétail. — Le *petit bétail* comprend le bélier, le mouton, la brebis, l'agneau, formant une même race, appelée *race ovine*. Toutes les variétés de porcs composant la *race porcine* font aussi partie du même bétail ainsi que le bouc, la chèvre et le chevreau.

La volaille est une espèce à part.

ment, fait du bon fumier, engraisse vite et se vend cher.

QUE PEUT-ON ATTENDRE D'UN ANIMAL QUE L'ON NÉGLIGE? — L'animal que l'on néglige se porte mal, travaille péniblement, fait peu de fumier, n'engraisse pas et se vend à bas prix.

Vous veillerez donc, mes jeunes amis, à la santé du bétail de toute espèce, avec un soin tout particulier; et dans cet objet, vous ne négligerez aucune des précautions que nous allons indiquer dans la leçon qui va suivre.

VINGTIÈME LEÇON.

1° Du logement des animaux.

QUELLES SONT LES PRÉCAUTIONS QUE RÉCLAME LE LOGEMENT DES ANIMAUX? — Le logement des animaux doit être, autant que possible, tourné au levant, pour les mettre à l'abri des trop grands froids et des trop grandes chaleurs; il sera percé de plusieurs ouvertures pour faciliter le renouvellement de l'air; le pavé en sera légèrement incliné pour faciliter l'écoulement des urines à l'extérieur. L'espace en devra être assez vaste pour que chaque animal puisse se mouvoir à son aise.

NÉCESSITÉ D'ENTRETENIR UN AIR PUR DANS LES ÉTABLES. — Vous y entretiendrez un air pur, en ayant soin d'enlever fréquemment le fumier; en ne laissant point les ouvertures fermées, quand le bétail sera dans les champs. — Un mauvais air peut engendrer des maladies mortelles.

2° De la propreté des animaux.

QUELS SOINS DE PROPRETÉ EXIGENT LES ANIMAUX? — QU'EST-CE QUE LE PANSAGE? — La propreté chez les animaux est aussi utile que chez les hommes. Ainsi, chaque jour, vous n'oublierez point d'étriller les chevaux, de carder les bœufs, de rafraîchir les litières. C'est ce qu'on appelle *pansage.*

EFFET DE LA MALPROPRETÉ. — La malpropreté occasionne souvent chez l'animal un état de malaise et de souffrance qui amène de graves accidents.

De la nourriture des animaux.

COMMENT DOIT-ON NOURRIR LES ANIMAUX? — Pour ce qui regarde la nourriture, il faut, autant que possible, la choisir de bonne qualité, la distribuer en quantité suffisante, à des heures régulières et suivant les besoins des animaux. — Ces besoins varient selon l'espèce, l'âge, le poids des divers animaux, selon les travaux qu'ils exécutent ou l'objet qu'on se propose en les soignant (1).

(1) On s'accorde à établir de la manière suivante la quantité de nourriture nécessaire, par jour, à l'entretien des animaux nourris à l'étable :

Pour un *bœuf de travail*, 12 à 15 kilogrammes de foin et 4 kilogrammes de paille.

Pour un *bœuf d'engrais*, 30 kilogrammes de foin.

Pour un *cheval*, 8 à 10 kilogrammes de foin, 5 kilogrammes d'avoine, 4 kilogrammes de paille.

L'entretien des *bêtes à laine* est évalué à 1 kilogramme de foin et 1 demi kilogramme de paille, par jour et par tête.

Pourquoi le nombre des animaux doit-il être proportionné a la quantité des fourrages? — Un examen détaillé de ces diverses circonstances nous entraînerait hors du cadre où nous devons nous tenir renfermés. Nous nous bornerons à dire ici, que le bon agriculteur doit proportionner le nombre de ses animaux à la quantité de fourrage dont il dispose. Il lui sera toujours beaucoup plus avantageux de se restreindre à un petit nombre de bestiaux bien nourris, que d'en avoir un grand nombre auxquels il ne pourrait donner qu'une nourriture insuffisante.

Quand doit-on songer a augmenter le bétail dans un domaine? — Il suit de ce que nous venons de dire, que, dans une exploitation agricole, il ne faut augmenter le bétail qu'après avoir augmenté les fourrages.

VINGT ET UNIÈME LEÇON.

Stabulation. — Pâturage.

Il y a deux manières de nourrir les animaux. — Les animaux se nourrissent, soit à l'étable, soit dans les champs.

Qu'est-ce que la stabulation; le paturage? — La nourriture à l'étable se nomme *stabulation*; prise dans les champs, c'est le *pâturage* ou *pacage*.

Avantages de la stabulation. — Avec la stabulation, on obtient beaucoup plus de fumier et en même temps on perd beaucoup moins de fourrages. Ce double avantage doit faire préférer la stabulation au pâturage.

CAS OU LE PATURAGE DEVIENT UNE NÉCESSITÉ. — Il est des cas où le pâturage devient une nécessité. Cela a lieu dans les climats secs où quelquefois l'herbe et les fourrages se trouvent trop courts pour être fauchés. On est alors forcé de les faire consommer sur place.

DE QUOI SE COMPOSE LA NOURRITURE DU BÉTAIL? — La nourriture des animaux se compose de fourrages secs, de fourrages verts, de graines et de racines. Ces divers aliments sont à poids égal, plus ou moins nourrissants les uns que les autres (1). Remarquons aussi que le genre de nourriture varie suivant les saisons. Aux fourrages verts qui se consomment pendant la durée des beaux jours, succèdent, pendant l'hiver, les fourrages secs.

COMMENT FAIT-ON PASSER LES ANIMAUX DE LA NOURRITURE VERTE A LA NOURRITURE SÈCHE? — Le passage de l'une à l'autre de ces nourritures exige certaines précau-

(1) Il résulte des expériences faites, que :

6. k. d'avoine nourrissent tout autant un animal que 10 kil. de foin.

5 k.	d'orge	—	—	10	—
	de maïs	—	—	10	—
	de sarrasin	—	—	10	—
9 k.	de trèfle, de luzerne, de sainfoin,	sec	—	10	—
30 k.	de trèfle, de luzerne, de sainfoin.	vert	—	10	—
23 k.	de betteraves, de carottes, de topinambours,			10	—

tions, si l'on veut éviter aux animaux de fâcheuses maladies. Ainsi, à l'approche de l'hiver, quand vient le moment de recourir à la nourriture sèche, il est bon de donner une certaine quantité de racines fourragères, et, à défaut de racines, du son farineux légèrement humecté, ou de l'eau blanche pendant quelques jours.

QU'EST-CE QUE L'EAU BLANCHE ? — L'*eau blanche* n'est autre chose que de l'eau dans laquelle on a délayé quelques poignées de farine.

QUELLES PRÉCAUTIONS DOIT-ON PRENDRE POUR METTRE LES ANIMAUX AU VERT ? — Quand revient la belle saison et qu'on se propose de mettre les animaux *au vert*, c'est-à-dire à la nourriture verte, on a soin de mêler, pendant plusieurs jours, au fourrage sec, une petite quantité de fourrage vert que l'on augmente successivement.

EFFETS DU SEL MÊLÉ A LA NOURRITURE DU BÉTAIL. — Un peu de sel mêlé à la nourriture des animaux excite leur appétit et entretient leur santé en aidant à la digestion. On le fait fondre dans une quantité d'eau suffisante et on en arrose le fourrage la veille du jour où on doit le donner.

QUELLE EAU DOIT-ON FAIRE BOIRE AU BÉTAIL ? — L'eau courante des ruisseaux est préférable pour la boisson du bétail, à l'eau croupissante des mares et des fossés. On doit conduire les animaux à l'abreuvoir après les repas. Il serait dangereux, quand ils ont chaud, de les laisser boire dans une eau froide.

VINGT-DEUXIÈME LEÇON.

Des mauvais traitements dont les animaux sont l'objet.

COMMENT DOIT-ON TRAITER LES ANIMAUX DOMESTIQUES ? — EFFETS QUE PRODUISENT SUR EUX LES MAUVAIS TRAITEMENTS. — Est-il besoin de dire que les animanx domestiques doivent être traités avec douceur? — que la bonté est le plus sûr moyen de les rendre dociles? — que la brutalité et les mauvais traitements ne font que les rendre désobéissants, entêtés, souvent même dangereux.

QUE PENSEZ-VOUS D'UN HOMME DUR ET BRUTAL ENVERS LES ANIMAUX? — Enfants, mes amis, écoutez bien ce que je vais vous dire : l'homme dur et brutal envers les animaux n'est pas seulement un ingrat. C'est un être privé de raison, un mauvais cœur, un véritable bourreau. Dieu le réprouve; la société le condamne (1). Prenons un exemple, et vous verrez si je vous trompe ;

CITEZ UN EXEMPLE QUI FASSE RESSORTIR CETTE VÉRITÉ : PLUS FAIT DOUCEUR QUE VIOLENCE. — Il arrive souvent que des bœufs ou des chevaux attelés à une charrette pesamment chargée s'enfoncent dans un bourbier, par la faute du conducteur. Aussitôt le charretier éclate en jurements et en blasphèmes. Il tombe à grands coups

(1) Les mauvais traitements envers les animaux sont aujourd'hui sévèrement punis en France, en vertu d'une loi votée en 1850, sur la proposition de M. de Grammont.

sur les pauvres bêtes qui n'en peuvent mais. Un coup n'attend pas l'autre ; le sang jaillit de leurs membres meurtris... le char reste immobile. Les jurons et les coups redoublent... la charrette n'avance pas.

De grâce, charretier, mon ami, cessez vos jurements, suspendez vos coups, faites trêve à votre violence. Vous n'avez rien à y gagner. Dégagez les roues, éloignez les obstacles, excitez l'attelage, et vous sortirez du bourbier :

Plus fait douceur que violence.

Ce que nous venons de dire, mes enfants, sur les animaux est bien incomplet. Ce ne sont que de simples conseils sur les soins que vous devez leur donner et qui suffiront à vous faire comprendre toute l'importance des animaux dans vos étables, car, sachez-le bien, *sans bétail il n'y a pas de bonne agriculture.*

Nous aurions désiré vous parler des soins à leur donner en cas de maladie, car ils y sont sujets comme nous ; de la manière d'améliorer les races ; des soins qu'exigent l'élevage et l'engraissement ; mais ce sont là des choses qui ne conviennent qu'à des agriculteurs expérimentés.

Quand aux oiseaux de basse-cour, la poule, le canard, l'oie, le dindon ; quand aux abeilles, et aux vers à soie, vous apprendrez mieux par l'observation et la pratique que dans les livres, les soins dont ils doivent être l'objet de votre part.

CHAPITRE IX.

Des principaux instruments aratoires.

VINGT-TROISIÈME LEÇON.

QU'APPELEZ-VOUS INSTRUMENTS ARATOIRES? — Les divers instruments dont on se sert pour travailler la terre se nomment *instruments aratoires*.

N'Y EN A-T-IL PAS DE DEUX SORTES — Ces instruments sont de deux sortes: 1° ceux que l'homme seul fait mouvoir avec le secours de ses bras, tels que la *pelle*, la *bêche*, la *pioche*, le *sarcloir*, la *brouette*, etc.; 2° ceux que l'homme ne peut employer qu'avec l'aide des animaux, comme la *charrue*, le *rouleau*, la *herse*, le *tombereau*, la *charrette*, etc.

QUEL AVANTAGE L'HOMME RETIRE-T-IL DE L'EMPLOI DES INSTRUMENTS ARATOIRES? — L'usage des premiers instruments est assez connu pour n'avoir pas besoin d'en parler ici avec détail. Quand aux seconds, mes chers enfants, il est essentiel de vous les bien faire connaître, afin que vous puissiez vous en servir utilement. Employés avec intelligence, ils ménagent le temps et les forces du cultivateur; et lui permettent d'exécuter des travaux auxquels il ne pourrait suffire avec le secours seul de ses bras.

1° La charrue.

QU'EST-CE QUE LA CHARRUE? — La *charrue* est un instrument dont l'homme se sert pour labourer, avec l'aide des bœufs ou des chevaux.

QUEL EN EST L'USAGE? — La charrue coupe la terre, la soulève, et puis la renverse avec tant de facilité et promptitude, qu'un attelage fait en un jour plus de travail que ne pourrait en faire un homme en dix jours avec la bêche. Aussi est-elle nommée avec raison le roi des instruments aratoires.

QUELLES SONT LES PRINCIPALES SORTES DE CHARRUES? — Il y a deux sortes principales de charrues, à savoir : les charrues *à avant-train* et les charrues *simples* ou *sans avant-train*, qui portent aussi le nom *d'araires*.

PIÈCES PRINCIPALES DONT SE COMPOSE TOUTE CHARRUE. — Dans les unes comme dans les autres, les pièces principales sont : l'*age*, le *coutre*, le *soc*, l'*oreille* ou *versoir*, le *sep*, les *mancherons*.

QU'EST-CE QUE L'AGE? — La pièce qui obéit à l'impulsion de l'attelage et qui met en mouvement tout le reste de la charrue, se nomme *age*. Cette pièce occupe la partie antérieure de l'instrument.

QU'EST-CE QUE LE COUTRE? — Le *coutre* est une grande et forte lame de couteau qui fend la terre en avant du soc.

QU'EST-CE QUE LE SOC? — Le soc suit le coutre et soulève la terre en la coupant.

QU'APPELLE-T-ON OREILLE OU VERSOIR? — L'*oreille* ou

versoir retourne sens dessus dessous la tranche de terre soulevée par le soc.

QU'EST-CE QUE LE SEP ?—Le *sep* soutient le soc et passe au fond du sillon.

QU'EST-CE QUE LES MANCHERONS ? — Les *mancherons*, situés à la partie postérieure, servent au laboureur à diriger et à maintenir l'instrument.

EN QUOI DIFFÈRE LA CHARRUE A AVANT-TRAIN DES ARAIRES SIMPLES ? — Dans les charrues à avant-train l'age repose, à son extrémité, sur un essieu auquel sont adaptées deux roues. Le tout est mis en mouvement par un timon qui s'attache au joug de l'attelage.

POURQUOI PRÉFÈRE-T-ON LES CHARRUES SIMPLES ?—Les charrues simples doivent être adoptées de préférence, parce qu'elles sont plus légères, sans que pour cela les labours soient moins bien exécutés.

CHARRUES A AGE LONG. — CHARRUES A AGE COURT. — La forme des charrues simples varie à l'infini. Il y a des charrues à age long, c'est-à-dire dont l'age se prolonge jusqu'au joug des animaux, et des charrues à age court, c'est-à-dire dont l'age se rattache au joug au moyen d'une corde, d'une chaîne ou d'une perche.

COMMENT S'OBTIENNENT LES LABOURS PLUS OU MOINS PROFONDS ?—Suivant qu'on abaisse ou qu'on élève l'age on donne aux labours une plus ou moins grande profondeur : abaissez l'age, le soc entrera plus profondément ; élevez l'age, et le soc pénétrera moins bas.

QUELLE EST LA CHARRUE RÉPUTÉE POUR ÊTRE LA MEILLEURE ? — Il ne saurait y avoir de bons labours sans une bonne charrue. Il est donc de la plus grande importance pour le cultivateur de se procurer le meilleur instrument de ce genre. Il est aujourd'hui bien reconnu que la charrue *Dombasle* est ce qu'il y a de plus parfait. Partout où elle a été employée, les résultats obtenus ont constaté sa supériorité.

QUELS SONT LES AVANTAGES DE LA CHARRUE *Dombasle* SUR LES ANCIENNES ? — Cette charrue est légère, solide, et se recommande surtout par la perfection du travail qu'elle produit. Elle a, sur les anciennes charrues, des avantages bien marqués. Avec un soc plus large, elle remue mieux la terre et coupe mieux les racines des mauvaises herbes. Avec son versoir recourbé et bien supérieur au versoir à forme plate et droite qui ne fait qu'égratigner la terre, elle renverse mieux les mottes et présente un labourage plus propre et plus régulier. Ajoutons à cela que le prix en est peu élevé.

On trouve aujourd'hui, dans tous les départements, des charrues faites sur ce modèle. Il y en a de plusieurs dimensions. On choisit celle qui convient le mieux à la nature de son terrain.

QU'EST-CE QUE LA CHARRUE A BUTTER ? — SON EMPLOI. — La *charrue à butter* est une charrue a deux versoirs qui rejette la terre également des deux côtés, et dont on se sert pour butter (1) des récoltes semées en ligne, ou pour pratiquer des raies d'écoulement.

(1) Butter une plante signifie relever la terre près d'une plante.

VINGT-QUATRIÈME LEÇON.

3° L'extirpateur.

QU'EST-CE QUE L'EXTIRPATEUR? — L'*extirpateur* est une espèce de charrue, garnie de plusieurs socs légers, sans versoirs, et n'entrant dans le sol qu'à une faible profondeur.

QUEL EST SON USAGE? — On se sert de l'extirpateur pour ameublir et soulever la couche supérieure du sol déjà labouré, pour faire pénétrer plus facilement l'air dans cette couche et pour hâter la destruction des mauvaises herbes.

QUEL AVANTAGE POSSÈDE-T-IL SUR LA CHARRUE? — Un extirpateur à cinq socs laboure sur une largeur d'un mètre. C'est là ce qui rend si précieux l'emploi de ces instruments. La charrue, employée au même usage, ferait, dans le même temps, un ouvrage quatre fois moindre.

4° La herse.

QU'EST-CE QUE LA HERSE? — La *herse* est un instrument dont on se sert, après les labours, pour briser les mottes de terre, unir la surface du sol et recouvrir les semences.

Il y a des herses de différentes formes et de différentes dimensions.

Faites la description d'une herse. — La herse qui réunit le plus d'avantages est la herse *Valcourt*. Elle se compose d'un châssis ou cadre en bois qui a la forme d'un carré long. A ce châssis sont attachées plusieurs traverses garnies de dents de fer, en forme de coutre. Ces dents sont assez rapprochées les unes des autres pour remuer toute la terre, et disposées de telle sorte que chacune d'elles trace sa raie.

Comment doit-on conduire la herse. — La herse est traînée par des bœufs ou par des chevaux. Elle doit être conduite avec vitesse pour que ses soubresauts écrasent mieux les mottes.

Comment obtient-on des hersages plus ou moins profonds? — On obtient des hersages plus ou moins profonds, selon le besoin, en chargeant plus ou moins la herse de pierres ou de mottes de terre.

Prix d'une herse. — Avantages qu'offre l'emploi de cet instrument. — Une herse à vingt-quatre dents coûte 45 francs. C'est assurément un prix bien modique si l'on considère l'économie de temps et de peine que l'homme peut retirer de l'emploi de ce précieux instrument. Une herse fait le travail de vingt ouvriers.

Quel est le temps le plus favorable pour herser? — Le moment le plus favorable pour herser est celui où la terre n'est ni trop humide ni trop sèche. Dans le premier cas, la herse s'empâterait et ferait de mauvaise besogne; dans le second cas, les mottes ne se briseraient pas.

5° Le rouleau.

Usage du rouleau. — Dans les terrains forts, il est avantageux de faire passer sur le sol, avant de herser, un *rouleau* pesant destiné à briser les mottes. Après le passage du rouleau, le travail de la herse se fait mieux et se fait plus vite.

Il y a des rouleaux en bois, en pierre ou en fonte. Le rouleau doit être plus ou moins lourd, selon que les terres sont plus ou moins fortes.

Qu'est-ce que le plombage. — Au commencement du printemps, il est aussi très-avantageux de passer le rouleau sur les céréales, dans les sols légers, pour ramener autour de leurs racines la terre qui a été soulevée par les gelées de l'hiver. Cette opération se nomme *plombage*.

6° La houe à cheval.

Usage de la houe a cheval. — La houe à cheval est un instrument destiné à remplacer la houe ordinaire pour la culture des récoltes plantées en lignes. Il est traîné par un cheval, à la manière des charrues. Les fers de houe dont il est garni peuvent se rapprocher ou s'éloigner à volonté, suivant que les lignes sont plus ou moins larges, de manière à ramener la terre autour des plantes.

Avantage qu'offre son emploi. — Au moyen de cet instrument, un homme et un cheval font le travail que feraient, à peine vingt ouvriers avec la houe ordinaire.

Il y a encore, mes chers enfants, beaucoup d'autres instruments dont on se sert avec économie de temps et de peine pour la culture des terres; mais le prix en est trop élevé. Ceux dont nous venons de parler peuvent d'ailleurs suffire, dans la plupart des exploitations agricoles, pour l'exécution des travaux propres à assurer la réussite des récoltes. Il serait donc inutile de s'étendre plus longuement sur ce sujet.

CHAPITRE X.

Préparation des terres.

VINGT-CINQUIÈME LEÇON.

Conditions nécessaires a la réussite des plantes. — Pour qu'une plante végète et se développe avec vigueur, il est absolument nécessaire que ses racines puissent s'étendre dans la couche de terre qui doit la nourrir. Il faut aussi que le sol où elle doit croître soit débarrassé des mauvaises herbes, qui, en absorbant autour d'elle l'air et les sucs dont elle a besoin, l'auraient bientôt étouffée.

Objet des labours. — Le double objet des labours étant d'ameublir et de nettoyer le sol, il s'ensuit que, pour assurer la réussite d'une semence quelconque, il est indispensable d'avoir préparé par un ou plusieurs labours la terre qui doit la recevoir.

QUEL EST LE MEILLEUR LABOUR? — Le meilleur des labours est malheureusement le plus lent. C'est celui qui s'opère à l'aide des bras, avec la bêche. Il ameublit, nettoie et retourne parfaitement le sol, mais il est trop coûteux pour être employé en grand. On ne l'applique que sur des espaces restreints, comme dans nos jardins. Les terrains d'une certaine étendue se labourent avec la charrue.

1° Diverses manières de labourer avec la charrue.

DIVERSES SORTES DE LABOURS AVEC LA CHARRUE. — Suivant les diverses localités, on laboure *à plat* ou *à billons*.

LABOURS A PLAT. — Dans les labours à plat, le sol, après le passage de la charrue, présente une surface unie, sauf les raies d'écoulement qu'on y pratique selon le besoin.

LABOURS A BILLONS. — Dans les labours à billons, le sol se trouve divisé en planches plus ou moins étroites, bombées dans le milieu et séparées entre elles par des raies d'écoulement aussi nombreuses que les billons.

LES LABOURS A PLAT SONT PRÉFÉRABLES. — Les planches larges et unies doivent être préférées aux billons étroits et bombés, et voici les raisons de cette préférence :

RAISONS DE CETTE PRÉFÉRENCE. — « Dans les labours « à billons étroits et bombés, la terre végétale est faci-

« lement entraînée par les pluies : les graines des prai-
« ries artificielles se maintiennent difficilement sur la
« double pente qu'ils forment et tombent dans la rigole
« à la moindre pluie; le fauchage des fourrages s'y fait
« difficilement; les rigoles sont trop multipliées et l'eau
« qui y séjourne noie la terre du sillon.... le hersage s'y
« exécute mal; les cultures qu'on donne au moyen des
« extirpateurs, des houes à cheval, sont absolument im-
« praticables. »

(MARTINELLI, *Manuel d'agriculture.*)

Avec des planches larges et plates, tous ces inconvénients n'existent pas, et les rigoles, quoique moins nombreuses, suffisent à l'écoulement des eaux surabondantes, pourvu qu'on dirige convenablement ces rigoles.

2° Qualité des labours.

QUALITÉ QUE DOIVENT RÉUNIR LES LABOURS. — Les labours doivent être réguliers, c'est-à-dire que les raies ou sillons tracés par le soc de la charrue doivent tous être de même largeur et de même profondeur. Il ne doit rester entre les sillons aucune partie de terre non remuée, ce qu'on appelle, suivant les localités des *arêtes*, des *saumons* ou des *coussins*; enfin la tranchée de terre soulevée par le soc doit être complétement retourné sens dessus dessous.

3° Profondeur des labours.

AVANTAGES DES LABOURS PROFONDS. — La profondeur

des labours est une chose essentielle, sur laquelle on ne saurait trop, mes jeunes amis, appeler toute votre attention.

Les plantes de toute espèce réussissent beaucoup mieux dans une terre profondément labourée que sur un terrain faiblement détourné. Cela est facile à comprendre : Les labours profonds augmentent l'épaisseur de la couche végétale et permettent aux racines des plantes de pénétrer plus avant dans le sol ; dès lors elles absorbent en plus grande quantité les sucs propres à la végétation. De plus, la terre profondément labourée est moins sujette à se durcir et conserve mieux l'humidité nécessaire à la vie des plantes.

Vous n'oublierez donc pas, mes enfants, que les labours profonds sont ceux qui offrent le plus d'avantages.

N'Y A-T-IL PAS CERTAINS CAS OU UN LABOUR PROFOND SERAIT PLUS NUISIBLE QU'UTILE ? — La précédente règle n'est pas sans quelques exceptions. Quand le sous-sol est entièrement stérile, il serait dangereux de l'attaquer trop vivement avec la charrue ; dans ce cas il est prudent de n'en ramener à la surface qu'une légère partie à chaque labour. — De même il y aurait de l'inconvénient, après un défrichement ou un écobuage, à enterrer la terre végétale sous une couche infertile.

4° Nombre des labours.

UTILITÉ DES LABOURS NOMBREUX. — Les terres fortes ne sauraient être trop souvent labourées. Plus le sol est ameubli, mieux il est nettoyé et mieux les récoltes y prospèrent.

Le premier labour, qui doit toujours être le plus profond, se pratique avec la charrue. L'extirpateur la remplace, avec une grande économie de temps, pour les labours qui suivent.

Les sols légers exigent des labours moins fréquents.

5° Époques propices aux labours.

QUELLE EST L'ÉPOQUE LA PLUS CONVENABLE POUR LABOURER LES TERRES FORTES? — L'époque la plus convenable pour labourer les terres fortes est celle où le sol n'est ni trop sec ni trop humide. Trop sec, il offre une résistance souvent impossible à vaincre; ou si la charrue le traverse il se divise en mottes énormes et tellement dures, que le rouleau et la herse ne peuvent les écraser. Trop humide, le sol s'attache au soc et au versoir, et les bandes de terre soulevées forment une espèce de pâte boueuse qui, en se desséchant, devient aussi dure que la pierre. Dans les deux cas, on ne peut faire que de mauvais ouvrage. Mieux vaut alors attendre un moment plus favorable, et le saisir avec empressement. C'est une grande faute en agriculture, de remettre au lendemain l'ouvrage qui peut se faire la veille. Le temps perdu ne se rattrape pas.

QUAND DOIT-ON LABOURER LES SOLS LÉGERS? — Quant aux sols légers, comme ils ne retiennent pas l'eau, ils peuvent se labourer en tout temps.

EN QUELLE SAISON SE DONNENT LES MEILLEURS LABOURS?

— Les bons labours se donnent en été. C'est l'époque la plus favorable à la destruction des mauvaises herbes.

6° Insuffisance de la charrue pour une bonne préparation des terres.

LE TRAVAIL DE LA CHARRUE SUFFIT-IL POUR DONNER A LA TERRE UNE PRÉPARATION CONVENABLE? — La charrue seule suffit rarement pour donner aux terres la préparation nécessaire à la réussite des récoltes. Le plus souvent il est indispensable de passer la herse et le rouleau, quelquefois même l'une et l'autre.

QUEL EST DANS LES TERRES FORTES, LE TRAVAIL QUI DOIT SUIVRE CELUI DE LA CHARRUE. — Dans les terres fortes et tenaces, après le passage de la charrue, on emploie la herse pour briser les mottes et ameublir le sol. Mais quand les mottes sont trop dures pour céder aux dents de la herse, on passe d'abord le rouleau et la herse ensuite.

EMPLOI DU ROULEAU DANS LES SOLS LÉGERS APRÈS LES LABOURS. — Dans les sols légers où la terre est fortement soulevée par le travail de la charrue, on fait suivre chaque labour d'un plombage au rouleau, afin de tasser la première couche et de lui conserver l'humidité nécessaire à la végétation des plantes.

CHAPITRE XI.

Des Céréales.

VINGT-SIXIÈME LEÇON.

QUELLES SONT LES PLANTES QUE L'ON DÉSIGNE SOUS LE NOM DE CÉRÉALES? — On appelle *céréales* les plantes dont le grain sert à la nourriture de l'homme et des animaux.

LES CÉRÉALES NE DONNENT-ELLES PAS UN AUTRE PRODUIT QUE LE GRAIN? — Elles donnent la paille qui est d une très-grande importance parce qu'elle sert de nourriture et surtout de litière aux animaux et concourt à faire le fumier qui est la base de l'agriculture.

LES GRAINS DES CÉRÉALES NE SERVENT-ILS PAS A AUTRE CHOSE ? — On les emploie dans l'industrie; ainsi l'orge entre dans la fabrication de la bière et divers autres grains dans celle de l'alcool.

Culture des Céréales.

Froment.

VINGT-SEPTIÈME LEÇON.

QU'EST-CE QUE LE FROMENT? — Le *froment*, qu'on appelle ordinairement le blé, est la plus importante des céréales : réduit en farine, il sert à faire le pain le meilleur et le plus nourrissant.

QUELLES TERRES CONVIENNENT LE MIEUX A LA CULTURE DU FROMENT? — Ce sont les sols *argilo-calcaires*, c'est-à-dire, composés d'argile et de chaux ; ces sols sont riches en humus ; ils conviennent parfaitement à la culture du froment et donnent des produits remarquables par la quantité et la qualité.

QUELLE VARIÉTÉ DE BLÉ DOIT-ON SEMER ? — Il est généralement reconnu que dans les sols riches et dans les terrains forts et un peu humides, on préfère le *gros blé* ou *blé barbu*, dont les tiges, plus fortes que celles des blés fins, se renversent moins facilement. Les *blés fins* conviennent mieux dans les terres plus légères où ils peuvent mieux réussir.

QUELLE PRÉPARATION FAIT-ON SUBIR AU BLÉ AVANT DE LE SEMER ? — Après avoir choisi le grain le plus sain et le plus développé, on lui fait subir une préparation qu'on appelle le *chaulage*. M. de Dombasle a publié un procédé qui est aujourd'hui généralement adopté :

« Pour un hectolitre de grains on fait dissoudre (fondre) « dans huit litres d'eau, 640 grammes de sulfate de « soude, ou à défaut, de sel de cuisine. Avec ce liquide, « on arrose le froment répandu sur un plancher et avec « une pelle on le remue de manière à ce que tous les « grains soient également mouillés ; on répand ensuite « sur un tas de la chaux en poudre légèrement mouillée « et on continue à remuer jusqu'à ce que chaque grain « soit recouvert de chaux. »

A QUOI SERT LE CHAULAGE OU SULFATAGE? — Le froment est exposé, comme les autres céréales, à diverses maladies. Le chaulage et mieux encore le sulfatage, ont la propriété de préserver les blés de quelques-unes de ces maladies.

QUELLE QUANTITÉ DE BLÉ SÈME-T-ON PAR HECTARE? — On sème de 150 à 200 litres par hectare, suivant que la terre est forte, ou légère. Dans les terres fortes, chaque grain pousse plusieurs tiges, il faut donc semer plus clair que dans les terres légères.

VINGT-HUITIÈME LEÇON.

A QUELLE ÉPOQUE DOIT-ON SEMER? — On doit semer el froment du 1er octobre au 15 novembre; l'époque la plus favorable est, en général, la seconde quinzaine d'octobre.

NE SÈME-T-ON PAS AUSSI EN MARS? — Oui, on sème au printemps une variété de froment appelé *blé de mars*, quand l'on n'a pu semer en automne ou que les semailles d'automne n'ont pas réussi.

COMMENT SÈME-T-ON LE BLÉ? — On sème à la volée ou au semoir, on préfère généralement la volée parce que le semoir exige un terrain très-uni et très-bien préparé.

QUELS SOINS EXIGE LE BLÉ APRÈS LA SEMENCE? — On couvre le grain au moyen de la herse. En mars, quand la végétation commence à être forte, une façon devient nécessaire. Dans les sols légers et lorsquê la terre soulevée par la gelée n'a pas été raffermie par les pluies, on passe sur le champ un rouleau qui tasse la terre et chausse, pour ainsi dire, la plante déchaussée. Dans les terres fortes, au contraire, où la terre étrangle la plante, un fort hersage dégage le collet de la plante et produit un sarclage qui la chausse et détruit, en même temps, les mauvaises herbes ; si ces herbes repoussent en avril, on fait un nouveau hersage.

À QUELLE ÉPOQUE SE FAIT LA RÉCOLTE ? — Cette époque varie suivant les saisons, mais dès que la paille est jaune et que le grain est suffisamment dur, on le coupe. On ne doit pas attendre que le grain soit trop sec, parce qu'il s'égrènerait facilement quand on le coupe et qu'on l'enlève du champ.

COMMENT COUPE-T-ON LE BLÉ ? — Avec une *faucille* ou une *faux ;* la faucille est plus généralement employée. La *faux à râteau* ne peut servir que dans la *culture à plat*, c'est-à-dire, où on supprime le sillon. Il y a aussi la *moissonneuse*, c'est-à-dire, une machine à moissonner; elle n'est employée que dans la grande culture.

QUELLES PRÉCAUTIONS DOIT-ON PRENDRE POUR RENTRER LE BLÉ ? — Les blés coupés sont réunis en gerbes qu'il ne faut rentrer que lorsque la paille est bien sèche.

COMMENT SE FAIT LE BATTAGE DES GRAINS ? — Il se fait en général à l'aide du *fléau*, et dans le Midi à l'aide d'un *gros rouleau* que l'on promène sur le blé étendu dans l'aire. Il se fait aussi à l'aide de machines à battre, moyen plus économique et beaucoup plus rapide, et surtout beaucoup moins pénible et qui donne le plus fort rendement. Ce dernier système se généralise tous les ans davantage et ne tardera pas à être employé partout.

VINGT-NEUVIÈME LEÇON.

Seigle.

QU'EST-CE QUE LE SEIGLE ? — Le *seigle* est, après le froment, la plus importante des céréales. Le grain du seigle donne un pain moins nourrissant et moins bon que celui du froment; mais il a le grand avantage de se conserver frais plus longtemps.

POURQUOI ALORS CULTIVE-T-ON LE SEIGLE AU LIEU DU FROMENT ? — Comme le seigle réussit dans les terres sablonneuses et n'exige pas un terrain très-riche, on est heureux d'avoir la ressource de cultiver ce grain dans le sol où le froment ne réussirait pas. On le cultive aussi pour la paille qui fournit une excellente litière, et comme fourrage, à cause de sa précocité, il peut être coupé en vert de bonne heure.

CULTIVE-T-ON PLUSIEURS ESPÈCES DE SEIGLE ? — On ne connaît guère qu'une seule espèce de seigle qui se sème dans les premiers jours d'octobre. Il peut être semé dans la poussière. On sème aussi le *seigle de printemps* à la fin de février, mais en général, dans les contrées à sol froid et humide.

QUELS SOINS EXIGE LA CULTURE DU SEIGLE ? — Cette culture est celle du froment ; on sème à peu près la même quantité mais plutôt plus que moins suivant la fertilité du sol. Le sarclage est moins nécessaire que pour le froment, les terres à seigle produisant beaucoup moins de mauvaises herbes.

COMMENT SE FAIT LA RÉCOLTE ? — De la même manière que celle du froment; seulement, il faut avoir soin de ne serrer le seigle que quand le grain est bien mûr.

TRENTIÈME LEÇON.

Orge.

A QUEL USAGE EST DESTINÉ L'ORGE ? — La *farine* que produit l'orge ne pourrait servir à faire du pain que mélangée avec celle du froment ou du seigle; aussi c'est bien moins pour la nourriture de l'homme que pour l'engraissement des animaux qu'on le cultive. L'orge sert aussi à la fabrication de la bière.

QUEL AVANTAGE RETIRE-T-ON DE LA CULTURE DE L'ORGE ? — C'est de toutes les céréales celle qui croît le plus vite ; aussi peut-on la semer au printemps quand les autres n'ont pas réussi. Elle vient très-bien dans les sols légers, riches et bien préparés par une culture de plantes sarclées.

Y A-T-IL PLUSIEURS ESPÈCES D'ORGE ? — Deux espèces d'orge sont plus généralement cultivées : *l'orge d'automne* et *l'orge de printemps*. L'orge d'automne donne un bon produit et fournit surtout un très-bon fourrage qui se coupe de bonne heure. La paille est aussi très-bonne.

QUELS SOINS EXIGE L'ORGE? — Aucun. Seulement, c'est une plante dont la tige se casse très-facilement; aussi faut-il employer, après l'hiver, la herse plutôt que le rouleau. La moisson et le battage se font comme pour le froment; mais il faut couper l'orge dès qu'elle est mûre parce qu'il se perdrait beaucoup d'épis qui tombent facilement. On doit éviter l'humidité qui noircit la paille et lui fait perdre sa qualité.

TRENTE-UNIÈME LEÇON.

Avoine.

A QUOI SERT L'AVOINE ? — Elle sert à peu près uniquement à la nourriture des chevaux.

Y A-T-IL PLUSIEURS ESPÈCES D'AVOINE ? — On en cultive plusieurs espèces, mais principalement deux ; l'*avoine d'automne* et l'*avoine de printemps*. Celle d'automne, qu'on appelle aussi *d'hiver*, vaut mieux que celle de printemps.

QUELLES TERRES CONVIENNENT A L'AVOINE ? — L'avoine peut être semée presque partout, même dans les terrains les plus pauvres. La terre un peu argileuse et un peu humide lui convient cependant mieux que la terre légère et sèche. Elle donne beaucoup sur défrichements.

A QUELLE ÉPOQUE LA SÈME-T-ON? — On sème l'avoine d'automne dans le courant de septembre jusqu'au 15 novembre, et celle de printemps de février en avril.

COMMENT SE CULTIVE-T-ELLE ? — Au printemps on doit passer la herse comme pour le froment. Il faut couper l'avoine avant qu'elle soit complétement mûre parce que, trop mûre, elle s'égrènerait facilement. Elle finit de mûrir en gerbes après être restée quelque temps sur la terre.

TRENTE-DEUXIÈME LEÇON.

Sarrasin.

QU'EST-CE QUE LE SARRASIN? — Le *sarrasin* ou *blé noir* est une céréale d'une nature particulière qui produit un grain dont la farine sert à la nourriture de l'homme, des animaux et surtout de la volaille.

QUELS AVANTAGES OFFRE SA CULTURE ? — Il produit beaucoup quand il réussit et on peut le semer dans des terres légères et pauvres, qui ne pourraient pas produire du froment. Il ne reste que trois ou quatre mois en terre et a l'avantage de pouvoir être semé après un seigle manqué.

À QUELLE ÉPOQUE LE SÈME-T-ON ? — On ne le sème qu'à la fin de mai et en juin parce qu'il craint le froid ; on en sème même en juillet pour servir de fourrage ou être retourné en vert.

À QUELLE ÉPOQUE SE FAIT LA RÉCOLTE ? Dans le mois d'octobre, quand la plus grande partie des grains est mûre, car, fleurissant très-tard, les dernières fleurs ne mûriraient pas.

TRENTE-TROISIÈME LEÇON.

Maïs.

A QUEL USAGE EST DESTINÉ LE MAIS ? — Le *maïs* ou *blé d'Espagne*, donne un grain qui sert à la nourriture de l'homme et surtout à l'engraissement des bestiaux et de la volaille.

Y A-T-IL PLUSIEURS ESPÈCES DE MAIS ? — Il y a le maïs de *grande espèce*, à gros grains, et le maïs de *petite espèce*, appelé *quarantin*, dont le grain plus petit sert à la volaille.

QUEL EST LE TERRAIN QUI LUI CONVIENT ? Il ne réussit bien que dans un terrain riche, profond et bien préparé par une bonne fumure. Il lui faut une terre chaude et argilo-calcaire.

COMMENT ET A QUELLE ÉPOQUE SÈME-T-ON LE MAIS ?— On le sème à la fin d'avril et au commencement de mai, soit en lignes à la main, soit au semoir. On a soin de laisser entre chaque ligne, une distance de 0^m60 à 0^m80, et de 0^m50 à 0^m60 entre chaque pied, suivant la nature du-terrain.

COMMENT SE CULTIVE-T-IL ? — Dès qu'il est levé, on lu donne un sarclage et, plus tard, un ou deux binages. On coupe la tige qui porte la fleur lorsque la poussière de la fleur est tombée et qu'elle commence à se faner. Cette tige est une très-bonne nourriture pour les bestiaux.

A QUELLE ÉPOQUE SE FAIT LA RÉCOLTE ? — A la fin d'octobre ou au commencement de novembre; on effeuille l'enveloppe qui couvre l'épi, la feuille de l'enveloppe sert de nourriture aux bestiaux et sert aussi, quand elle est bien sèche, à faire de très-bonnes paillasses; on fait ensuite sècher l'épi dans les greniers, et on l'égrène, soit à la main soit à l'aide d'un égrenoir.

CHAPITRE XII.

Maladies des Céréales.

TRENTE-QUATRIÈME LEÇON.

LES CÉRÉALES NE SONT-ELLES PAS SUJETTES A DIVERSES MALADIES ? — Dans les mauvaises années, et surtout quand on ne prend pas tous les moyens de les en préserver, les céréales sont souvent frappées par diverses maladies.

QUELLES SONT LES MALADIES QUI ATTAQUENT LE FROMENT ? — Ce sont la *carie*, le *charbon* et la *rouille*.

QU'EST-CE QUE LA CARIE ? — C'est une maladie qui attaque le grain. La peau du grain attaqué devient pâle ; une portion du grain et souvent le grain tout entier est changé en poussière noirâtre. Sans être malfaisante, cette poussière, après le battage, donne au blé une mauvaise odeur et en ternit la couleur. Alors on lave le blé pour lui ôter sa mauvaise odeur et enlever les grains attaqués qui surnagent dans l'eau. Cette maladie se reproduit l'année suivante par les grains de semence attaqués par la carie.

QUELLE EST LA CAUSE DE CETTE MALADIE? — Les savants prétendent qu'elle provient d'un champignon qui se développe dans l'intérieur du grain au moment de la formation. C'est surtout dans les années pluvieuses et brumeuses que l'on observe cette maladie (1).

QUEL REMÈDE DOIT-ON EMPLOYER? — Le *chaulage* et mieux encore le *sulfatage* dont nous avons déjà parlé. Un troisième moyen consiste à faire dissoudre (fondre) pour chaque hectolitre de blé, 80 à 100 grammes de *vitriol bleu* dans un litre d'eau bouillante : on remplit à moitié un tonneau avec le blé qu'on doit semer et on verse sur ce blé le vitriol ainsi fondu. Après avoir bien remué ce mélange, au bout de trois heures on vide l'eau et on fait sécher le blé qui, ainsi préparé, préserve de la carie la récolte suivante.

TRENTE-CINQUIÈME LEÇON.

QU'EST CE QUE LE CHARBON? Dans cette maladie, c'est l'épi qui est attaqué, et de ce moment les grains avortent et ne produisent plus qu'une poussière noire qui couvre l'épi et qui tombe au moindre vent. Cette poussière n'a pas une aussi mauvaise odeur que celle de la carie

(1) Les auteurs considérent cette maladie comme contagieuse par le contact de la poussière noire qu'elle produit. Nous croyons plutôt que ce sont les grains attaqués qui se trouvent dans la semence, qui reproduisent la maladie, autrement le lavage en nettoyant la semence de la poussière, la préserverait de la maladie.

et n'est pas malfaisante. On ne croit pas cette maladie contagieuse. Elle se produit dans les années de sécheresse et dans les terres brûlantes.

QUEL REMÈDE PEUT-ON EMPLOYER ? — Le *sulfatage* est le seul ; mais il ne produit pas d'aussi bons effets que dans la carie.

QU'EST-CE-QUE LA ROUILLE ? — C'est une maladie qui se manifeste par des taches couleur de rouille un peu foncée qui couvre les tiges, et les feuilles du froment. Quand elle se déclare avant la formation du grain, elle le fait avorter ; c'est, disent les savants, un champignon qui se développe et se nourrit aux dépens de la plante. La rouille se produit surtout dans les terres basses, fortes et humides.

QUEL EST LE REMÈDE ?— Le seul c'est d'assainir les terres par le drainage ou autrement.

QUELLES MALADIES ATTAQUENT L'ORGE ET L'AVOINE ? — C'est surtout le *charbon*. Le seul préservatif c'est le bain d'eau vitriolée, et encore ne réussit-il pas toujours.

QUELLE EST LA MALADIE DU SEIGLE ? — C'est l'*ergot*. Il se manifeste dans les années pluvieuses au moment de la formation du grain. Les grains grossissent énormément, se courbent, deviennent violets et ressemblent à un ergot de vieux coq ; ce serait encore un champignon qui se développe à la place du grain. Le seigle ergoté est un poison ; aussi faut-il le cribler avec les plus grands soins pour enlever les grains malades qui pourraient nuire à la santé. Plus dangereux que la carie et le charbon, l'ergot n'est pas contagieux.

Le mais n'est-il pas sujet a une maladie? — Le maïs est sujet à une maladie de la nature de l'ergot. Quelques grains et quelquefois tous les grains de l'épi, deviennent énormes et donnent à l'épi un aspect hideux. Cette maladie se produit dans les années sèches. Elle n'est ni malfaisante ni contagieuse, mais quelquefois elle cause un déficit assez considérable dans la récolte. Comme l'ergot, elle paraît être accidentelle, aussi n'y a-t-on indiqué jusqu'à présent, aucun remède.

CHAPITRE XIII.

Plantes sarclées.

TRENTE-SIXIÈME LEÇON.

Qu'appelez-vous plantes sarclées? — On appelle *plantes sarclées* celles qui exigent de nombreux sarclages et binages.

Quelle est leur importance? — En parlant des assolements, nous avons rangé les plantes sarclées parmi les récoltes nettoyantes parce qu'elles favorisent la destruction des mauvaises herbes; aussi avons-nous dit quelles remplacent avec de grands avantages la jachère qui, si elle n'est pas nettoyée par des labours en temps convenable, a le défaut de les entretenir comme dans les terres en friche. Les sarclages répétés et les binages qu'exige la culture de ces plantes est d'une très-grande importance.

Dans quelles proportions doit-on cultiver les plantes sarclées ? — Dans la proportion de moitié avec les prairies artificielles, car elles servent à la nourriture de l'homme et à l'alimentation du bétail qu'elles permettent d'augmenter, ce qui augmente en même temps la quantité de fumier.

TRENTE-SEPTIÈME LEÇON.

Quelles sont les principales plantes sarclées? — Ce sont la *pomme de terre*, la *betterave*, le *topinambour*, la *carotte*, le *chou*, la *fève*.

Pomme de terre.

Qu'est-ce que la pomme de terre ? — C'est la plante sarclée la plus généralement et la plus utilement cultivée. Elle fournit largement à la nourriture de l'homme et à celle des animaux. « C'est un pain tout fait que la Providence a donné à l'homme. »

Comment donne-t-on la pomme de terre aux animaux? — On la donne crue aux vaches laitières après l'avoir coupée et en la mêlant à des fourrages secs; cuite, elle est plus nourrissante et c'est une nourriture excellente pour l'engraissement des bestiaux.

Ne tire-t-on pas de la pomme de terre un produit important? On en retire une farine qu'on appelle fécule(1); on mange la fécule bouillie mélangée avec du lait. Mélangée avec de la farine de froment, elle fait de très-bon pain. On extrait aussi de l'eau-de-vie de la pomme de terre.

QUELLES TERRES CONVIENNENT A LA POMME DE TERRE ?— Toutes les terres quand elles sont bien préparées par de bons labours et bien fumées. Les terres légères et sablonneuses donnent les meilleurs produits, mais en moins grande abondance que dans les bonnes terres. Les terres humides conviennent moins parce que l'humidité pourrit la pomme de terre.

QUELLES SONT LES ESPÈCES PRÉFÉRÉES ? — Ce sont la pomme de terre *jaune hâtive* dite de *saint Jean* et la *jaune demi-hâtive*. La jaune hâtive est préférée parce qu'elle mûrit dans la belle saison et est moins sujette à la maladie qui se produit dans les temps de pluie. Ces deux espèces donnent beaucoup.

Y A-T-IL UN CHOIX A FAIRE POUR SEMER ?— On doit choisir d'abord les plus saines; on coupe les plus grosses, mais les moyennes sont les meilleures.

A QUELLE ÉPOQUE ET COMMENT SÈME-T-ON ?— Après avoir bien préparé et fumé le terrain, on sème de mars en mai; on sème en lignes dans la raie que fait la charrue en ayant soin de laisser deux raies vides et de semer

(1) La fécule se fabrique dans les usines spéciales; on la fait dans les ménages, en râpant la pomme de terre soit à la main soit dans de petits moulins à bras ; ainsi réduite en pâte, on lui fait subir plusieurs lavages. Quand la pâte est devenue blanche, on la fait sécher.

dans la troisième. Les lignes doivent être plus espacées dans les terres fortes que dans les terres légères.

QUEL AVANTAGE Y A-T-IL A PLANTER EN LIGNES ? — C'est de pouvoir sarcler et biner avec la houe à cheval et butter avec le butteur. Dès que les pommes de terre sont nées, on sarcle et on bine, et lorsque la tige est à la hauteur de trois décimètres environ, on butte. Cette manière de planter facilite l'arrachage à l'aide de la charrue à deux déversoirs dont on a enlevé le coutre.

QUELS SOINS DONNE-T-ON A LA RÉCOLTE ? — Il faut avoir bien soin de n'arracher la pomme de terre qu'en beau temps et de ne la serrer que quand elle est bien sèche. Il faut ensuite la déposer dans un endroit sec et à l'abri du froid.

Topinambour.

TRENTE-HUITIÈME LEÇON.

QU'EST-CE QUE LE TOPINAMBOUR ? Moins farineux que la pomme de terre, ce tubercule est d'une forme ronde et allongée.

COMMENT LE CULTIVE-T-ON ? Comme la pomme de terre, il réussit dans tous les sols ; on le laisse deux ans dans le même terrain. Très-vivace il se reproduit de lui-même pendant plusieurs années par les bouts de racines qui restent dans le sol après l'arrachage.

QUEL AVANTAGE RETIRE-T-ON DE SA CULTURE ? — On le cultive en très-grande quantité, surtout depuis la maladie de la pomme de terre. Il vient dans tous les terrains, ne craint pas la gelée et se conserve dans la terre tout l'hiver ; on l'arrache au fur et à mesure des besoins il épuise peu le sol.

À QUOI SERT LE TOPINAMBOUR? — A la nourriture des animaux. Le plus ordinairement, on le leur donne cru, il est moins nourrissant que la pomme de terre, mais les vaches, les porcs et les moutons le mangent avec avidité. Les tiges coupées fin octobre ou en novembre, fournissent une bonne nourriture pour le bétail et surtout pour les moutons. Le topinambour sert aussi à faire de l'alcool.

TRENTE-NEUVIÈME LEÇON.

Betterave.

QU'EST-CE QUE LA BETTERAVE? — C'est, après la pomme de terre, la plante sarclée la plus cultivée à cause de sa grande utilité pour la nourriture des animaux; on la donne cuite ou crue, mais plus ordinairement crue, surtout aux vaches laitières.

NE SERT-ELLE PAS A AUTRE CHOSE? — Dans diverses contrées, mais surtout dans le nord de la France, on la cultive en grand pour en extraire du sucre et de l'alcool.

QUELLES SONT LES VARIÉTÉS LES PLUS CULTIVÉES? — La *blanche de Silésie* ou *betterave à sucre* et la *rose* appelée *disette;* on cultive aussi la jaune et la rouge, mais dans la petite culture. Les deux premières espèces donnent d'excellents produits et d'un poids énorme, aussi les préfère-t-on pour la nourriture des animaux.

QUEL EST LE TERRAIN QUI LUI CONVIENT? — Un terrain profond, ni trop léger ni trop fort, avec un sous-sol un peu humide. Le sol doit avoir subi plusieurs labours et le fumier répandu et mêlé au sol dès les premiers labours.

COMMENT LA SÈME-T-ON? — Généralement fin avril à la main en lignes, ou avec le semoir. Le mode à la main en suivant une raie est généralement préféré. Il faut, pour semer ainsi, trois personnes : l'une fait un trou, l'autre y met deux ou trois graines et la troisième recouvre la semence après avoir jeté dans le trou une poignée de terreau.

QUELS SOINS LUI DONNE-T-ON? — Quand les plantes ont deux ou trois feuilles, on les éclaircit de manière à isoler chaque pied, et on repique là où la graine a manqué; puis l'on sarcle et l'on bine souvent ; on récolte fin octobre ; on la conserve l'hiver avec les mêmes précautions que la pomme de terre, après l'avoir effeuillée et mise en tas.

QUARANTIÈME LEÇON.

NE CULTIVE-T-ON PAS D'AUTRES PLANTES COMME FOURRAGES? — On cultive encore la *carotte blanche à collet vert*, le *navet*, le *chou*, la *rave*... plantes qui fournissent aussi une bonne nourriture pour les animaux. On les leur donne cuites ou crues. Leur culture est celle de toutes les plantes sarclées.

Il y a encore, mes chers enfants, d'autres plantes qui se cultivent dans certaines parties de la France et qui donnent des produits considérables : ce sont la vigne, le houblon, le mûrier, le tabac... Ces plantes sont l'objet de cultures importantes qui nécessiteraient de trop longs développements que ne comportent pas ces notions élémentaires.

Disons seulement que la vigne qui produit le raisin est, avec le blé, la récolte la plus importante — que le houblon, qui se cultive en grand dans le nord, sert à la fabrication de la bière dont il se fait une très-grande consommation. — Enfin, que la culture du tabac prend tous les jours un développement plus considérable.

CHAPITRE XIV.

Des Prairies.

QUARANTE-UNIÈME LEÇON.

Avantages que procurent les fourrages.

« Si tu veux du blé, fais des prés ;
« Qui a du foin, a du pain. »

C'est là, mes chers enfants, une vérité qu'on ne saurait trop souvent répéter, et je voudrais que tous les jours, chacun de vous, au retour de l'école, en fît l'objet d'une petite conversation dans sa famille, pour que vieux et jeunes comprissent bien ceci :

« Avec du foin, on a du bétail ;
« Avec du bétail, on a du fumier ;
« Avec du fumier, on a du blé. »

Ainsi, sans pré, on n'a rien ; avec des prés, on a tout. Malheur au cultivateur qui ne fait pas de fourrages ! Il restera toujours pauvre, tandis que, près de lui, son voisin, s'il fait des fourrages, s'enrichira.

QU'APPELLE-T-ON FOURRAGES EN GÉNÉRAL ? — On désigne en général, sous le nom de *fourrages* ou *plantes fourragères*, les plantes et les herbes dont se nourrit le bétail.

QU'EST-CE QUE LES PRÉS NATURELS ? — Les terrains où l'herbe se reproduit tous les ans *d'elle-même* portent le nom de *prairies naturelles*.

1° Des prairies naturelles.

COMMENT DIVISE-T-ON LES PRAIRIES ? — Les prairies naturelles sont généralement situées dans les sols frais et fertiles, près des cours d'eau, dans les vallons ou dans les plaines. Il s'en trouve aussi sur les pentes et les hauteurs. De là la division des prairies en prairies *basses* et prairies *élevées*.

Les prairies basses produisent beaucoup. On les fauche plusieurs fois par an.

QU'EST-CE QUE LE FOIN ? — L'herbe desséchée provenant de la première coupe se nomme *foin*.

Qu'est-ce que le regain ? — L'herbe de la seconde coupe se nomme *regain*. Rarement on obtient une troisième coupe.

Qu'appelez-vous prés marécageux ? — Quand l'eau séjourne continuellement dans les prairies, l'herbe qu'elles produisent est de si mauvaise qualité, qu'il ne faut pas perdre son temps à la convertir en foin. Le bétail n'en mangerait pas. — Ces prés se nomment *prés marécageux*.

Comment les assainit-on ? — On les assainit en y pratiquant de nombreux fossés d'écoulement.

Quelle est la qualité du foin dans les prairies élevées ? — Les prairies élevées, celles surtout qui ne reçoivent que les eaux du ciel, produisent peu, mais l'herbe qui y vient est de qualité supérieure.

Soins à donner aux prairies.

De quoi dépend l'abondance des foins dans les prés ? — Les prairies qui donnent les récoltes les plus abondantes sont celles que l'on peut arroser à volonté. Le cultivateur intelligent et soigneux devra donc utiliser les eaux dont il pourra disposer, pour l'arrosement de ses prés, ou, en d'autres termes, pour leur *irrigation*. Il ne laissera perdre ni l'eau courante des ruisseaux, ni celle des champs et des chemins, ni celle des cours qui joignent la ferme. Il les conduira dans ses prés, où elles entretiendront la fraîcheur nécessaire à la croissance de l'herbe et où elles déposeront un limon fertilisant. Il sera largement payé de sa peine et de ses soins par une récolte souvent double.

COMMENT SE FAIT L'IRRIGATION DES PRÉS? — L'irrigations des prés se pratique le plus ordinairement au moyen de rigoles creusées en pente douce et se déversant l'une dans l'autre jusqu'à la plus basse, qui est destinée à l'écoulement des eaux hors de la prairie. Pour bien établir ces rigoles, il est souvent nécessaire de prendre les conseils d'une personne exercée à ces sortes de travaux.

A QUELLE ÉPOQUE CONVIENT-IL D'INTRODUIRE L'EAU DANS LES PRÉS? — L'arrosage des prés est particulièrement avantageux en mars et en avril. On arrose deux jours sur quatre. En mai, on suspend l'arrosage jusqu'après la récolte du foin. Après l'enlèvement du foin, il est bon d'arroser de nouveau pour hâter la pousse du regain.

DOIT-ON LAISSER DORMIR L'EAU DANS LES PRÉS ? — L'arrosement des prairies est donc une chose fort importante ; mais ce n'est pas tout. Elles réclament encore d'autres soins : ainsi il faut veiller à ce que l'eau n'y *dorme* nulle part ; à cet effet, on élève les endroits creux en les garnissant de terre.

EST-IL AVANTAGEUX DE FUMER LES PRÉS ? — Une bonne fumure de terreau ou de fumier augmente considérablement la récolte.

CONVIENT-IL DE LES HERSER ? — Un hersage profond donné au printemps, quand le sol est essuyé, détruit la mousse et favorise la *pousse* des herbes.

QU'EST-CE QUE L'ÉTAUPINAGE ? — SON UTILITÉ. — Enfin l'*étaupinage*, ou destruction des mottes de terre soulevées par les taupes, est doublement utile : d'abord, parce que la terre qui en provient, répandue sur le pré, améliore le sol ; ensuite, parce que le fauchage est rendu plus facile.

COMMENT PEUT-ON FORMER DES PRÉS NATURELS ? — On peut former des prés naturels en semant des graines de foin sur un terrain bien fumé, bien préparé par des labours profonds suivis de hersages. L'opération sera surtout avantageuse si l'on a la facilité d'y conduire des eaux.

Récolte du foin.

QU'APPELEZ-VOUS FENAISON ? — ÉPOQUE A LAQUELLE ELLE DOIT SE FAIRE. — La récolte du foin, que l'on nomme aussi *fenaison*, doit se faire à l'époque où les herbes sont en fleur. Si l'on fauchait avant cette époque, on perdrait sur la quantité ; plus tard, on perdrait sur la qualité : *Foin qui sèche sur pied ne vaut pas de la paille.*

QUELLE EST L'HEURE DE LA JOURNÉE LA PLUS FAVORABLE POUR FAUCHER ? — Le moment le plus favorable pour faucher est le matin, à la rosée. L'herbe se coupe plus facilement.

QU'APPELEZ-VOUS ANDAINS ? — A mesure que l'herbe tombe sous la faux, elle forme à la surface du pré des lignes que l'on nomme *andains*.

QU'EST-CE QUE LE FANAGE ? — Aussitôt que le soleil a fait disparaître la rosée, les femmes et les enfants retournent les andains avec des fourches en bois, et répandent l'herbe sur le sol, en l'éparpillant. — Cette opération se nomme *fanage*. Elle se répète deux fois au moins, et plus souvent, s'il est possible, durant le cours de la journée. Sur le soir, les faneurs réunissent le foin en petits tas, à l'aide de râteaux.

Le lendemain, ces tas sont de nouveau éparpillés durant le jour, et le soir, quand l'herbe se trouve assez desséchée, on en forme des tas plus gros que la veille. Ces tas, appelés *meules* ou *meulons*, restent encore deux ou trois jours dans le pré, puis on les transporte dans les fenils (greniers destinés à placer le foin).

MANIÈRE DE CONSERVER LE FOIN EN PLEIN AIR. — Si l'espace manque dans les bâtiments, on peut très-bien conserver le foin en plein air. Pour cela, on le réunit en une seule meule, à laquelle on peut donner différentes formes. Le dessous de la meule repose sur des pierres, sur des branches sèches ou sur de la paille, pour préserver le foin de l'humidité. A mesure qu'on forme la meule, on tasse fortement avec les pieds chaque couche de foin qu'on y dépose ; puis, quand la meule est terminée, on la peigne de tous côtés avec le râteau, et on la recouvre soigneusement avec de la paille.

QUE VOIT-ON DANS TOUTES LES LOCALITÉS OU L'ON N'A PAS INTRODUIT UN BON SYSTÈME D'ASSOLEMENT ? — Il est bien rare que dans les localités, malheureusement trop nombreuses, où n'a pas été encore introduit un bon assolement, les bâtiments soient insuffisants pour contenir le fourrage qui s'y récolte. Au lieu de cela, les greniers à foin y sont presque toujours peu garnis, le bétail peu nombreux et mal nourri, et, par une conséquence inévitable, les terres mal fumées et les récoltes peu abondantes.

Moyen de faire succéder l'aisance et le bien-être a la gêne et a la misère. — Voulez-vous, mes enfants, apporter un remède à ce fâcheux état de choses, et voir en peu de temps succéder l'aisance et le bien-être à la gêne et à la misère qui règnent dans la plupart de nos villages, souvenez-vous de ce que nous avons dit au commencement de ce chapitre :

« Qui a du foin a du pain. »

Voilà tout le secret : augmentez vos fourrages ; faites des prairies artificielles.

QUARANTE-DEUXIÈME LEÇON.

2° Des prairies artificielles.

Comment forme-t-on une prairie artificielle ? — Nous avons dit, au commencement de ce chapitre, qu'on désigne sous le nom de plantes fourragères les plantes propres à la nourriture du bétail. D'après cela, *si l'on sème une plante fourragère dans un champ convenablement préparé, on obtient une prairie artificielle.*

Avantages des prairies artificielles. — Les prairies artificielles durent peu de temps, il est vrai, sur le même terrain, mais, en revanche, et notez bien ceci, mes enfants, elles donnent des fourrages excellents et en abondance ; de plus, au lieu d'épuiser le sol, elles l'améliorent; enfin, en les changeant de place, on peut se ménager constamment cette précieuse ressource.

Quelles sont les plantes employées a la formation des prés artificiels? — Les plantes fourragères employées à la formation des prés artificiels, varient suivant la nature des terrains. Celles que l'on emploie le plus ordinairement sont: la luzerne, le trèfle, et le sainfoin.

Nous sortirions du cadre étroit où doit se renfermer ce petit livre, si nous entrions dans le détail de la culture de toutes les plantes. Mais l'augmentation du fourrage est une chose tellement importante en agriculture, que nous croyons devoir insister particulièrement sur tout ce qui peut en démontrer les avantages et engager les agriculteurs à multiplier les prairies artificielles.

De la luzerne.

Quelle est la plus productive des plantes fourragères? — De toutes les plantes fourragères, la *luzerne* est celle qui produit le plus. Elle se fauche jusqu'à trois ou quatre fois par an. C'est aussi le plus nourrissant de tous les fourrages.

Dans quels terrains réussit parfaitement la luzerne? — Combien de temps dure-t-elle? — Elle ne réussit parfaitement que dans les terrains fertiles et profonds, complétement purgés des mauvaises herbes et fumés avec abondance. Elle y subsiste en bon rapport pendant huit ou dix ans. Elle végéterait sans vigueur sur un sol trop sec ou trop humide.

QUAND CONVIENT-IL DE LA HERSER ? — La première et la seconde année, la luzerne est encore faible ; mais au bout de deux ans, quand elle s'est bien enracinée, donnez à votre luzernière un hersage profond au commencement du printemps ; employez le plâtre et vous aurez des résultats merveilleux.

EST-IL BON DE LA PLATRER ET DE LA FUMER ? — Une fumure, après le hersage, produirait aussi d'excellents effets.

QU'EST-CE QUI FAIT QUE LA LUZERNE EST UN FOURRAGE TRÈS-PRÉCIEUX ? — La luzerne est un fourrage très-précoce ; cette qualité la rend précieuse au printemps, époque à laquelle les granges se trouvent vides.

Elle ne doit revenir sur le même sol qu'au bout de huit à dix ans.

Le Trèfle.

PARLEZ DU TRÈFLE. — Le *trèfle* commun ou de *Hollande* donne un fourrage très-précieux et très-abondant. Il se coupe jusqu'à trois fois par an.

QUELLE EST SA DURÉE SUR LE MÊME SOL ? — Sa durée sur le même sol est ordinairement de deux ans, au bout desquels on le retourne avec la charrue.

QUELS SONT LES TERRAINS QUI LUI CONVIENNENT ? — Le trèfle réussit dans tous les terrains, pourvu toutefois que le sol ait été bien préparé et bien fumé. Ces deux conditions sont indispensables. Semer du trèfle dans un champ mal labouré, mal fumé, non débarrassé des mauvaises herbes, c'est perdre son temps et sa peine. Les terres argileuses et calcaires lui conviennent mieux que les terrains sablonneux.

A QUELLE ÉPOQUE LE SÈME-T-ON? — On le sème ordinairement au mois de mars ou d'avril sur les céréales et on le recouvre avec la herse. Mais, dans le Midi, il est mieux de le semer en octobre.

LE TRÈFLE S'ACCOMMODE-T-IL DES HERSAGES ? — Un hersage profond, donné au commencement du printemps, convient au trèfle comme à la luzerne. Cette opération se répète toujours avec succès entre deux coupes successives.

EFFET DU PLATRE SUR LE TRÈFLE. — Le plâtre répandu sur le trèfle, par un temps humide, quand ses feuilles commencent à couvrir la terre, en favorise singulièrement la végétation.

LE BLÉ VIENT-IL APRÈS LE TRÈFLE? — Le blé vient très-bien après le trèfle, comme aussi après la luzerne et le sainfoin, surtout lorsque ces plantes ont végété avec vigueur, parce que, dans ce cas, elles ont laissé à la terre beaucoup de débris dont elle s'est enrichie. Quand on leur fait succéder le blé, il suffit de labourer le terrain une seule fois avec une bonne charrue. On sème le blé sur ce labour, puis on recouvre avec la herse. La récolte n'est jamais douteuse.

Le retour du trèfle commun sur le même sol ne doit avoir lieu que tous les cinq ans, sous peine d'en voir diminuer les produits.

Le trèfle incarnat ou farouch.

Parlez du farouch. — Cette variété de trèfle ne dure qu'un an et ne donne qu'une simple coupe ; mais cette coupe est très-abondante.

Demande-t-il beaucoup de soins? Le *farouch* réussit dans presque tous les terrains et demande fort peu de soins. Il suffit de jeter la graine sur le sol et de la couvrir avec la herse. On peut même se passer de herser.

Le trèfle incarnat semé en octobre se récolte au printemps. On le fait manger en vert. Il est peu estimé comme fourrage sec.

Il peut revenir fréquemment sur le même sol sans une diminution sensible de ses produits. Sa précocité le rend précieux.

Le sainfoin.

Parlez du sainfoin. — Le *sainfoin* ne donne ordinairement qu'une seule coupe chaque année ; mais la qualité de ce fourrage est excellente, et de plus il ne demande pas, comme la luzerne, un sol riche et profond. Il réussit, même sans engrais, sur les terrains les plus pauvres.

Le sainfoin se plaît dans les terres légères, calcaires ou sableuses. Il peut revenir sur le même sol au bout de trois ou quatre ans.

De quelques autres plantes fourragères.

N'Y A-T-IL PAS D'AUTRES PLANTES QUE L'ON CULTIVE COMME FOURRAGE? — On cultive aussi comme fourrage la *lupuline*, la *vesce*, le *ray-grass*, la *gesse*, *le maïs*, l'*avoine*, le *seigle*, l'*orge*, le *sarrasin*.

COMMENT DOIT-ON LES SEMER? — A QUELLE ÉPOQUE DOIT-T-ON LES FAUCHER? — Toutes les plantes destinées à la nourriture du bétail doivent être semées très-dru et ne doivent se faucher qu'à l'époque de leur floraison.

QUARANTE-TROISIÈME LEÇON.

Des racines fourragères.

INDIQUEZ LES PLANTES DONT LES RACINES ET LES FEUILLES SERVENT A NOURRIR LE BÉTAIL. — Outre l'herbe des prés naturels et les fourrages des prairies artificielles, l'agriculteur intelligent trouve encore, dans la culture de certaines plantes, dans les racines, et souvent même dans les feuilles servant à nourrir le bétail, une ressource inappréciable: telles sont la *pomme de terre*, le *topinambour*, la *betterave*, la *carotte*, le *navet*, le *rutabaga*, le *chou*.

SOINS QU'ELLES EXIGENT. — D'OU LEUR VIENT LE NOM DE PLANTES SARCLÉES? — Toutes ces plantes demandent un terrain bien préparé, bien ameubli et surtout bien fumé. De nombreux sarclages leur sont nécessaires afin de détruire les mauvaises herbes; de là vient le nom de *plantes sarclées*.

POURQUOI DOIT-ON LES SEMER OU LES PLANTER EN LIGNES? — On doit les semer ou les planter en lignes : les travaux qu'elles exigent s'exécutent alors plus facilement, soit à la main, soit à l'aide de la houe à cheval ou de la charrue à butter.

DOIT-ON LES LAISSER TRÈS-ÉPAISSES? — Suivant le développement qu'elles peuvent prendre, on doit laisser entre chaque plant de la même rangée une distance de trente à cinquante centimètres. Un espace de cinquante centimètres doit pareillement être ménagé entre les diverses lignes. La récolte serait considérablement amoindrie, si les plantes étaient trop rapprochées les unes des autres.

CHAPITRE XV.

Destruction des plantes nuisibles.

QUARANTE-QUATRIÈME LEÇON.

POURQUOI EST-IL INDISPENSABLE DE DÉTRUIRE LES MAUVAISES HERBES? — Nous avons souvent parlé, mes enfants, dans les leçons qui précèdent, de la nécessité de détruire les mauvaises herbes, parce que les mauvaises herbes, en s'appropriant l'air et les sucs nécessaires à la nouriture des plantes utiles, nuisent à leur développement et compromettent le succès des récoltes.

COMMENT PARVIENT-ON A LES DÉTRUIRE? — De profonds labours et de fréquents hersages donnés en temps convenable, un bon assolement établi d'après les principes que nous avons posés, sont des moyens puissants pour parvenir à la destruction des plantes nuisibles de toute espèce. Mais il en est quelques-unes qui ne disparaissent du sol qu'à l'aide de précautions et de soins tout particuliers. Nous allons, en peu de mots, indiquer ces soins et ces précautions.

PARLEZ DU CHIENDENT. — 1° Le *chiendent* est une plante des plus dommageables, qui se multiplie avec une rapidité prodigieuse. Il ne périt que lorsque ses racines se dessèchent complétement par le manque d'humidité.

COMMENT PARVIENT-ON A DÉTRUIRE LE CHIENDENT? — Pour obtenir ce résultat, on donne, par un temps bien sec, un profond labour, en prenant les bandes de terre très-étroites, pour que toutes les parties du sol soient parfaitement retournées. Au bout de quelques jours, avant que la terre soit tassée, on herse et on laboure de nouveau immédiatement après le hersage. Cette double opération, hersage et labourage, se répète ainsi successivement, toujours par un temps bien sec, jusqu'à ce que la racine et les tiges du chiendent soient entièrement desséchées.

Il est quelquefois nécessaire de labourer et de herser

jusqu'à huit ou dix fois pour obtenir la destruction du chiendent.

PARLEZ DU CHARDON. — 2° Le *chardon* pousse des racines profondes qui en rendent la destruction difficile. Si on ne fait que couper son collet avec le tranchant de la houe, il n'en repousse que plus vigoureusement. Il est donc essentiel de l'arracher à la main.

QUELS SONT LES MOYENS DE DÉTRUIRE LE CHARDON? — Cette opération doit se pratiquer quand le sol est humide. Les racines cèdent alors plus facilement et sont moins sujettes à se casser. Pour se garantir des piquants dont le chardon est hérissé, on s'enveloppe la main d'un gant solide.

Le chardon se multiplie dans les champs par les graines innombrables qu'il produit chaque année et que les vents portent de tous côtés. Pour préserver ses terres, autant que possible, de l'invasion de cette mauvaise plante, il faut avoir soin de couper partout, soit dans les chemins, soit le long des haies ou des fossés, les tiges de chardons avant l'époque de leur floraison.

COMMENT PEUT-ON PURGER LE SOL DES OIGNONS SAUVAGES? — 3° Les *plantes à tubercules*, que l'on appelle aussi *oignons sauvages*, parce qu'elles ressemblent aux oignons, ne peuvent se détruire ni par les labours ni par les sarclages. Le seul moyen d'en purger le sol est de ramasser et de transporter hors des champs les tubercules au moyen desquels s'opère leur reproduction, et de les écraser ensuite.

PARLEZ DE LA FOLLE-AVOINE. — 4° La *folle-avoine*, si

préjudiciables aux récoltes de céréales, surtout dans les terrains calcaires, se multiplie par les graines qu'elle produit en abondance.

MOYEN DE LA DÉTRUIRE. — On la fait périr en partie au moyen des sarclages, mais ce moyen seul ne suffit pas : pour la détruire entièrement, il faut empêcher la plante de grainer.

Pour cela, on sème, après le froment, une plante fourragère destinée à être mangée en vert. La folle-avoine qui a crû dans le champ se coupe en vert avec le fourrage et ne produit pas de graine. L'année suivante, on remplace le fourrage par une plante sarclée. La folle-avoine, qui se trouve encore dans le sol, lève et végète ; mais elle disparaît ensuite par l'effet de nombreux sarclages donnés à la terre.

PARLEZ DU RAIFORT SAUVAGE ET DES MOYENS DE S'EN DÉBARRASSER. — 5° Le *raifort sauvage* se plaît dans les sols humides et sablonneux, où il se propage rapidement si l'on n'a pas soin de le détruire avant qu'il ait fourni sa graine.

On parvient à débarrasser la terre du raifort sauvage avec un assolement qui exige de fréquents hersages.

DE L'HORTICULTURE.

Utilité des jardins. — Jusqu'ici, mes enfants, nous n'avons parlé que de la culture des terres en général, et nous n'avons rien dit encore des soins et des travaux particuliers qu'exige la culture des jardins. C'est là pourtant que, chaque jour, vos mères prennent, pour les apprêter, les légumes dont vous êtes si contents de trouver la table chargée à votre retour de l'école ; c'est encore de là que viennnent les fruits de toute espèce que vous mangez avec tant de plaisir. Vous me sauriez donc mauvais gré de ne pas consacrer quelques pages de ce petit livre à vous indiquer les moyens d'obtenir dans vos jardins la plus grande quantité possible de bons légumes et de fruits savoureux.

CHAPITRE XVI.

Établissement d'un jardin.

QUARANTE-CINQUIÈME LEÇON

Choix et exposition du terrain. — Distribution. — Clôture.

Quelles sont les conditions qu'exigent, pour bien réussir, les plantes de nos jardins ? — Les plantes que l'on cultive dans les jardins sont généralement très exigeantes. Elles n'y prospèrent qu'à l'aide de beaucoup de soins. Elles demandent une terre bien ameublie, bien préparée, bien fumée. Ce n'est qu'à toutes ces conditions qu'elles fournissent aux besoins du ménage.

QUEL TERRAIN DOIT-ON PRÉFÉRER POUR L'ÉTABLISSEMENT D'UN JARDIN ? — Vous choisirez donc, pour établir votre jardin, le meilleur terrain dont vous pourrez disposer, à proximité de votre habitation. Plus la couche végétale aura de profondeur, plus vos légumes seront beaux, plus vos arbres seront vigoureux. Une terre profonde conserve sa fraîcheur en été, et l'eau pendant l'hiver, ne reste pas à sa surface.

PEUT-ON ÉTABLIR UN JARDIN DANS TOUTE ESPÈCE DE TERRAIN ? — Un terrain de cette nature ne se rencontre pas, il est vrai, dans tous nos villages. Mais il ne faut pas, pour cela, renoncer à avoir un jardin. Avec du travail et des soins, au moyen des amendements et des engrais, il n'est pas de sol si stérile et si ingrat qui, avec le temps, ne devienne fertile et généreux.

Les terres franches sont assurément les plus favorables à la culture des légumes. Les sols légers et sableux leur conviennent également ; mais ne craignez point d'établir un jardin dans une terre forte. Quand une fois vous l'aurez amendée en y mêlant du sable ou de la chaux, et que vous lui aurez donné de nombreux et profonds labours, des fumures abondantes et répétées, les légumes y prospéreront.

QUELLE EST POUR LES JARDINS LA MEILLEURE DES EXPOSITIONS ? — L'emplacement du jardin n'est point une chose indifférente. Choisissez, autant que possible, un terrain tourné au midi : cette exposition est la plus favorable. Vient ensuite celle du levant. L'exposition au nord peut avoir quelques avantages dans les années où l'été est sec et brûlant. Mais l'exception ne détruit pas la règle.

EST-IL NÉCESSAIRE DE DIVISER LE JARDIN EN CARRÉS? — Il est aussi fort avantageux de diviser le jardin en carrés, en y ménageant des allées assez larges et assez nombreuses pour qu'on puisse circuler facilement, transporter les fumiers, enlever les récoltes, sans mettre le pied sur les plantes.

POURQUOI FAUT-IL CLORE LE JARDIN? — Enfin, il est essentiel que le jardin soit entouré d'une clôture qui en défende l'accès au bétail et à la volaille. Les poules et les porcs sont de très-mauvais jardiniers.

DIFFÉRENTES SORTES DE CLOTURES. — Rien, en fait de clôture, ne vaut des murs bien crépis. Les insectes nuisibles aux plantes ne trouvent pas à s'y réfugier. Mais ce genre de clôture serait souvent trop dispendieux. On entoure le plus souvent le jardin, soit d'une haie vive, soit d'une cloison formée de planches ou de branches entrelacées.

L'aubépine, vulgairement connue sous le nom de *buisson blanc*, forme une très-bonne haie vive.

CHAPITRE XVII.

Culture des principales espèces potagères.

QUARANTE-SIXIÈME LEÇON.

QU'APPELEZ-VOUS LÉGUMES, OU PLANTES POTAGÈRES? — On appelle *plantes potagères* ou *légumes*, les plantes que l'homme cultive dans les jardins pour servir à sa nourriture.

DIVISION DES PLANTES POTAGÈRES, SUIVANT LA NATURE DES PRODUITS QU'ELLES DONNENT. — Parmi ces diverses plantes, les unes se cultivent pour leurs graines;

Les autres, pour leurs racines;

Celles-ci pour leurs tiges et leurs feuilles;

Celles-là, pour leurs fleurs;

D'autres, enfin, pour leurs fruits.

QUELLES SONT CELLES QUI SE CULTIVENT POUR LEURS GRAINES? — Ce sont la *fève*, les *pois*, les *haricots*, les *lentilles*.

DITES UN MOT SUR CHACUNE D'ELLES. — QU'EST-CE QUE LA FÈVE? — La *fève* est une plante à graine qui se mange en vert ou en sec. Celle que l'on cultive de préférence est la *grosse fève ordinaire* ou *fève de marais*. Elle veut un sol fertile et humide pourvu que l'eau n'y croupisse pas. Elle se sème de novembre à janvier.

QU'EST-CE QUE LE POIS? — Le *pois* est une plante à grain

qui se mange en vert ; il y en a de beaucoup d'espèces, soit à rames soit sans rames. Le plus généralement cultivé, c'est le *pois michaud.*

QU'EST-CE QUE LE HARICOT ? — Le *haricot* est un légume à grains farineux, d'un emploi journalier dans tous les ménages. Il se mange en vert ou en sec, avec ou sans ses cosses. Les plus estimés pour être mangés en vert sont le *gros hâtif* et le *flageolet ;* celui pour être mangé en sec est le *blanc commun* et le *soissons.* Il lui faut un sol léger et fertile. On le sème au printemps après une bonne fumure, en lignes ou par touffes.

QU'EST-CE QUE LA LENTILLE ? — La *lentille* est une graine qui, comme le haricot, sert à la nourriture de l'homme. Elle se sème en automne dans le midi, en avril dans le Nord. Elle veut un sol léger et peu de fumier.

QUELLES SONT CELLES QUI SE CULTIVENT POUR LEURS RACINES? — Ce sont la *pomme de terre* et la *betterave*, dont nous avons déjà parlé aux plantes sarclées, la *carotte*, le *panais*, le *navet.*

QU'EST-CE QUE LA CAROTTE ? — C'est une racine qui donne des produits abondants pour la nourriture de l'homme et des animaux. Elle veut un sol profond et se sème dans la première quinzaine de mai. Le panais se cultive comme la carotte.

Il existe encore, mes chers enfants, un grand nombre de plantes qui viennent dans les jardins, mais qui ne sont pas assez importantes pour faire l'objet d'une étude spéciale. Ce sont des plantes de petite culture qui se cultivent tantôt pour leurs tiges et leurs feuilles, comme l'*asperge*, le *céleri*, l'*oseille*, la *salade*, le *persil*... tantôt pour leurs fleurs et pour leurs fruits, comme l'*artichaut*, le *chou*, le *chou-fleur*.....

La pratique et l'observation vous apprendront assez ces petites cultures auxquelles il ne faudra donner ni trop de terrain ni trop de temps, et laisser ce travail et ces soins aux jardiniers.

CHAPITRE XVIII.

Des Arbres fruitiers.

QUARANTE-SEPTIÈME LEÇON.

Il n'est pas rare, mes chers enfants, de trouver, dans tous nos villages, des arbres fruitiers en plus ou moins grande quantité. Mais ce qui est beaucoup plus rare, c'est de voir ces arbres végéter vigoureusement et produire de bons fruits. Il suffirait pourtant de quelques soins peu pénibles pour substituer à un arbre rabougri un arbre plein de vigueur, et pour remplacer par des fruits savoureux et délicats les fruits sauvages et amers dont trop souvent vos jardins abondent. Ces soins, mes jeunes amis, ne sont ni difficiles ni bien coûteux. Ils s'appliquent à quatre choses : la *plantation*, la *culture*, la *greffe* et la *taille* des arbres fruitiers. Nous allons vous indiquer successivement, en peu de mots, en quoi consistent ces soins.

1° Plantation.

À QUELLE ÉPOQUE DOIT-ON PLANTER LES ARBRES FRUITIERS? — La *plantation* des arbres fruitires, comme celle de tous les autres arbres, doit se faire, soit en automne, soit au commencement du printemps, suivant la nature du terrain. Si votre sol est sec et sablonneux, plantez en octobre ou en novembre; dans les terres humides et fortes, ne faites votre plantation qu'au printemps

PRÉPARATION DES TROUS. — Creusez *longtemps à l'avance* les trous destinés à recevoir les arbres, pour que le terrain *se mûrisse;* faites ces trous aussi grands que possible, pour que les racines des arbres puissent s'étendre facilement; garnissez le fond de chaque trou, au moment de la plantation, d'une couche de gazons retournés, de curures de fossés ou de bonne terre, pour que les racines y trouvent la nourriture qui leur est nécessaire et qu'elles ne soient pas exposées à se pourrir dans l'eau qui pourrait s'amasser au fond du trou.

PRÉCAUTIONS A PRENDRE EN PLANTANT. — Ayez soin de bien étaler les racines, pour que chacune d'elles prenne sa direction naturelle; recouvrez-les d'une couche de terre bien fine, que vous aurez soin de faire pénétrer dans les vides en secouant légèrement l'arbre à plusieurs reprises; comblez le trou et piétinez autour de l'arbre pour tasser le sol. Enfin, donnez un *tuteur* à chaque pied (1).

(1) Il va sans dire qu'une distance convenable doit être lais-

Qu'est-ce qu'un tuteur ? — On appelle tuteur une perche assez forte que l'on enfonce profondément près de l'arbre nouvellement planté et à laquelle on attache la tige.

Pourquoi donne-t-on des tuteurs aux arbres nouvellement plantés ? — Ce tuteur est destiné à protéger l'arbre contre les coups de vent qui pourraient le renverser ou qui, en l'ébranlant, occasionneraient à son pied des vides par où l'air et la chaleur, pénétrant jusqu'aux racines, les dessécheraient. — Pour que le tuteur lui-même n'endommage pas la tige de l'arbre, on place entre le lien et l'écorce une sorte de petit coussin fait avec de la mousse, avec du foin ou de la paille.

Au moyen de toutes ces précautions, il est rare que la plantation ne réussisse pas, à moins que le temps ne lui soit tout à fait contraire. Le succès en sera d'autant plus assuré, que vous aurez choisi pour votre plantation des arbres vigoureux, dont les racines n'auront pas été endommagées et ne seront pas restées longtemps exposées à l'air.

QUARANTE-HUITIÈME LEÇON.

2° Culture.

Les soins d'entretien qu'exigent les arbres fruitiers sont peu nombreux et d'une exécution facile. On pour-

sée entre les différents pieds. Ils se nuiraient mutuellement s'ils étaient trop rapprochés les uns des autres.

rait presque dire que c'est plutôt un délassement qu'un travail.

FAUT-IL LABOURER LES ARBRES AUTOUR DU PIED ? — QUAND DOIVENT SE PRATIQUER CES LABOURS ? — Le pied des arbres doit être labouré chaque année, *au printemps d'abord*, mais seulement quand les fruits sont formés ; *en été ensuite*, à la fin de juin ou au commencement de juillet. Le premier de ces deux labours doit-être plus profond que le second, et voici pourquoi :

POURQUOI DONNE-T-ON UN LABOUR PLUS PROFOND AU PRINTEMPS ? — Un labour profond donné au printemps permet à la terre de s'échauffer plus promptement et de recevoir les tièdes ondées qui, à cette époque de l'année, activent si puissamment la végétation.

POURQUOI LE LABOUR D'ÉTÉ DOIT-IL ÊTRE MOINS PROFOND ? — En été, un labour profond, surtout dans un sol léger, pourrait avoir de graves inconvénients, si la sécheresse se prolongeait trop longtemps : l'ardeur du soleil, pénétrant jusqu'aux racines de l'arbre, pourrait le fatiguer et occasionner la perte des fruits.

QUE DOIT-ON FAIRE QUAND IL CROIT DES REJETONS AU PIED D'UN ARBRE ? — Il faut avoir soin d'enlever les rejetons qui souvent poussent au pied des arbres et qui consomment la sève en pure perte.

COMMENT PEUT-ON DONNER DE LA VIGUEUR A UN ARBRE QUI LANGUIT ? — Si l'on s'aperçoit que l'arbre languit, il est bon de le déchausser et de remplacer la terre qu'on a retirée par des gazons retournés, des curures de fossés, du fumier *parfaitement consommé*, ou de la terre neuve.

FAUT-IL LAISSER CROITRE LES HERBES AU PIED D'UN ARBRE ? — Ne laissez jamais croître au pied de vos arbres fruitiers aucune espèce de mauvaises herbes, celles surtout dont les racines entrent profondément dans le sol.

QUE DOIT-ON FAIRE DU BOIS MORT, DE LA MOUSSE ET DES CHAMPIGNONS QUI S'ATTACHENT A L'ÉCORCE ? — Ayez soin d'enlever tout le bois mort avec la serpette. — Détruisez la mousse et les champignons qui souvent s'attachent à l'écorce, et quand cette écorce elle- même forme des gerçures, qui servent de retraite aux insectes nuisibles, raclez ces gerçures sans blesser la tige. — Faites enfin la guerre, suivant le besoin, aux limaces, aux chenilles et aux frelons.

QUARANTE-NEUVIÈME LEÇON.

Taille des arbres fruitiers.

DOIT-ON TAILLER TOUS LES ARBRES DE LA MÊME MANIÈRE ? — Tous les arbres fruitiers, mes chers enfants, ne veulent pas être taillés de la même manière. On pourrait presque dire que chaque sujet exige une taille particulière, suivant son espèce, sa manière de végéter, son état de santé, suivant la place qu'il occupe et la forme qu'on veut lui donner. Il n'y a qu'une longue habitude qui puisse rendre réellement savant dans l'art de la taille des arbres. Vouloir donner à cet égard des règles fixes et absolues, ce serait s'exposer à induire en erreur ceux qui les suivraient à la lettre.

Toutefois, il y a certains principes généraux qu'il n'est pas sans utilité de vous faire connaître. Nous allons vous les exposer en peu de mots :

INDIQUEZ LES DIVERSES SORTES DE BRANCHES QUE L'ON DISTINGUE SUR LES ARBRES FRUITIERS ? — Les branches des arbres fruitiers se divisent en plusieurs espèces. Ainsi on distingue : 1° les branches à bois ; 2° les branches à fruits ; 3° les branches d'espérance ; 4° les branches chiffonnes ; 5° les branches gourmandes.

COMMENT RECONNAIT-ON LES BRANCHES A BOIS ? — Voici comment on reconnaît ces diverses sortes de branches :

Les *branches à bois* n'ont que des yeux peu développés.

COMMENT RECONNAIT-ON LES BRANCHES A FRUITS ? — Les *branches à fruits* présentent des boutons saillants et arrondis.

COMMENT RECONNAIT-ON LES BRANCHES D'ESPÉRANCE ; LES BRANCHES CHIFFONNES ; LES BRANCHES GOURMANDES ? Les branches d'*espérance* sont médiocres ; les branches *chiffonnes* sont minces et souvent assez allongées ; les branches *gourmandes* sont des jets vigoureux qui naissent sur les grosses branches et qui les épuisent en absorbant toute la sève.

COMMENT SE TAILLENT LES BRANCHES A BOIS ? — Les branches à bois servent à donner à l'arbre la forme qu'on veut lui faire prendre. On les coupe ou on les conserve, suivant qu'on le juge nécessaire.

COMMENT SE TAILLENT CELLES A FRUITS ? — Les branches à fruits se coupent à l'extrémité, pour que les boutons à fruits profitent mieux.

QUE FAIT-ON DES BRANCHES D'ESPÉRANCE ? — Les branches d'espérance se conservent pour remplacer les branches à fruits, quand celles-ci dépérissent et demandent à être retranchées.

QUE FAIT-ON DES BRANCHES CHIFFONNES ET GOURMANDES ? — Les branches chiffonnes se coupent toutes, sans exception. — Les branches gourmandes se suppriment.

QUELLES SONT LES PLUS FÉCONDES DES BRANCHES ? — On a remarqué que les branches qui prennent une direction horizontale sont presque toujours les plus fécondes, tandis que les branches qui s'élèvent en ligne droite ne produisent guère que du bois. Il est essentiel de supprimer ces dernières.

COMMENT DOIT-ON TAILLER LES ARBRES FAIBLES ; LES ARBRES VIGOUREUX ? — On doit laisser peu de bois aux arbres faibles et tailler fort long les arbres vigoureux.

POURQUOI TAILLE-T-ON COURT LES ARBRES GREFFÉS SUR COGNASSIER ? — Les arbres greffés sur cognassier se taillent plus court que ceux greffés sur franc, parce que ces derniers sont ordinairement plus vigoureux que les premiers.

Tels sont, mes chers enfants, les principes généraux que vous pourrez appliquer utilement à la taille des arbres fruitiers. Je craindrais, en m'étendant plus longuement, de surcharger votre mémoire sans profit pour votre instruction.

Nous laisserons donc de côté tous les détails relatifs à la taille des arbres, soit en éventail, soit en palmette, soit en espalier ou en contre-espalier, en quenouille ou en pyramide, en buisson ou en gobelet. Nous n'ajouterons que quelques mots sur la taille des arbres *en plein vent*. C'est, du reste, à peu près la seule forme qu'on donne aux arbres fruitiers dans toutes nos campagnes, et je ne dois point oublier que c'est surtout pour les enfants de nos campagnes que ce petit livre est composé.

Expliquons d'abord deux ou trois expressions dont nous aurons à nous servir :

QU'EST-CE QUE TAILLER SUR L'ŒIL ? — QU'EST-CE QUE TAILLER L'ŒIL EN DEDANS ? — L'ŒIL EN DEHORS ? — SUR DEUX OU TROIS YEUX ? — Quand on coupe le rameau au-dessus d'un œil, cela s'appelle *tailler sur l'œil.* — Si l'œil au-dessus duquel on taille est tourné du côté du tronc de l'arbre, on dit que l'on taille *l'œil en dedans.* — Si, au contraire, l'œil ne fait pas face au tronc de l'arbre, on dit que l'on taille *l'œil en dehors.* — Tailler sur *deux yeux*, sur *trois yeux*, etc., c'est ne laisser sur le rameau que deux yeux, trois yeux, etc.

Ceci bien compris, vous saisirez facilement tout ce que nous allons dire relativement à la formation et à la taille des arbres en plein vent.

COMMENT FAIT-ON POUR ÉLEVER UN ARBRE EN PLEIN VENT ? — COMMENT SE TAILLE UN ARBRE EN PLEIN VENT QUAND SA TÊTE EST FORMÉE ? — Pour élever un arbre en plein vent, coupez la tête à deux ou trois yeux au-dessus de la greffe. Les yeux que vous aurez laissés pousseront, dès la même année, un certain nombre de rameaux. Vous en choisirez trois ou quatre des plus vigoureux pour en faire les branches principales, et vous supprimerez le reste. — Ces branches principales seront taillées à leur tour de deux à six yeux, selon leur vigueur, mais sur des yeux en dehors. Vous retrancherez les pousses intérieures et vous laisserez croître les autres jusqu'à la taille suivante, où vous ne laisserez que les branches qui vous paraîtront nécessaires.

Les années suivantes, la taille se bornera à supprimer les pousses trop multipliées ou d'une mauvaise vigueur, ainsi que celles qui s'élèveraient en ligne droite ou qui prendraient une direction vers l'intérieur.

A QUELLE ÉPOQUE SE TAILLENT LES ARBRES FRUITIERS? — Les arbres fruitiers se taillent ordinairement après les fortes gelées.

QUELS SONT CEUX QUI SE TAILLENT LES PREMIERS ? — On commence par les poiriers et les pommiers, parce qu'ils craignent peu les frimas. Les arbres produisant des fruits à pepins doivent, en général, se tailler plus tôt que ceux qui produisent des fruits à noyaux.

A QUELLE ÉPOQUE DOIT-ON TAILLER LES PÊCHERS ? — Le pêcher ne se taille que lorsqu'il est près de fleurir. La taille du pêcher en plein vent se borne à enlever soigneusement tout le bois mort qui s'y rencontre.

FIN

TABLE DES MATIÈRES.

Paris. — Imp. Paul Dupont, 41, rue Jean-Jacques-Rousseau.

www.ingramcontent.com/pod-product-compliance
Ingram Content Group UK Ltd.
Pitfield, Milton Keynes, MK11 3LW, UK
UKHW012237240726
13966UKWH00003B/1129

9 782012 869400